science·i

身近な雑草の
ふしぎ

野原の薬草・毒草から道草まで、
魅力あふれる不思議な世界にようこそ

森 昭彦

SB Creative

著者プロフィール

森 昭彦（もり あきひこ）

1969年生まれ。サイエンス・ジャーナリスト。ガーデナー。自然写真家。おもに関東圏を活動拠点に植物と動物のユニークな相関性について実踏調査・研究・執筆を手がける。著書に『うまい雑草、ヤバイ野草』『身近なムシのびっくり新常識100』『身近な野の花のふしぎ』（サイエンス・アイ新書）、『ファーブルが観た夢』（SBクリエイティブ）がある。

【植物名の表記について】

図版ページにおける一般名および学名につきましては、読者が容易に検索・調査できるよう一般化しているものを優先させ、分類に争いがあるものは広義の分類法によります（※本書では新エングラー体系を採用。典拠につきましては巻末『参考文献』を参照のこと）。

本文デザイン・アートディレクション：クニメディア株式会社
本文＆帯イラスト：HiRaTa Design 平田裕和
カバー＆本文写真：森 昭彦

はじめに

　「自然界」は風変わりな生き物であふれています。

　なかでも雑草が変わっているのは、野生のくせに、私たちに寄り添うのを好むことでしょう。実際に、荒地をちょっと耕せば、小さな腕を広げ、こちらが泣きたくなるほどよろこびにあふれた顔して生えてきます。

　荒地に小さな庭園をつくり、有機肥料で豊かにすると、どれくらいの雑草が生えるでしょうか。耕すたびに新しいのが殖えるので、「こんちくしょうめ」と予備的な植物相調査に取りかかったところ、20や30ではありません。ごく控えめな結果として、62種類が居候を決め込み、ひと花咲かせておりました。ここにやってくる小動物たちは315種類を数えます（2009年3月31日時点）。

　外周を歩けば10分とかからない小さな庭園でも、大きな自然保護区と比べてみても、よっぽど豊かな生態系になっていたのはなんとも皮肉です。やり方をちょっと誤れば、それだけの生物資源がたやすく失われてしまうことを意味するのかもしれません。

　こうして年がら年中、連中と鼻先をつき合わせていると、なんとも奇妙なことに気がつきます。

庭園の例でも挙げたとおり、耕すことで消える種族がいくつかあります。開拓者と呼ばれる連中は、真っ先にやってきて、仕事をすませばたちまち消え失せます（ベニバナボロギクなど⇒第4章）。淡白な雑草もいるわけです。

　スミレは道路の割れ目でも育つ雑草根性の持ち主で、庭園の周囲にもゴマンといるくせに、こちらが望む場所には頼んでも生えてくれません（⇒第3章）。

　最悪の雑草のひとつに寄生植物があります。植物のくせに光合成をやらず、野菜や園芸種に絡みつき、栄養を横取りする。いちいちひっぱがすのは途方もなく、膨大なタネで殖えるため、棲みつかれたら完全駆逐は不能。これがいつの間にか畑から消えて、いまでは珍品か絶滅危惧種（⇒第2章）。ありがたいやら、空恐ろしいやらです。

　ごくあたり前の雑草たちが、全国各地で姿を消しているのは事実のようで、駆除が難しかったイヌホオズキ（⇒第1章）、どこにでも生えていたミミナグサ（⇒第3章）、畑の雑草アカザ（⇒第4章）は、絶滅危惧種でも希少種でもありませんが、自分で探すとなかなか見つかりません（局所では集中発生する）。

　敵対するとやっかいな連中でも、いないとわかれば、なんとも寂しい気持ちになるもので——。もっとも困るのは、生々しくも撮影です。近隣地域をどれほど歩き回ったかしれません。結局見つけるのは、家の近所や前述の庭園。ごくごく身近な「生活圏」に注意を向けるのは、山野で珍種を求めるより難しい——これが「身近な」シリーズの実感です。

はじめに

　いつもの道で、なんの気なしにちょっと立ち止まる。そこになにがいるのか、どんな姿か、なにをしているのか。

　初めての関心、なにげない不思議を抱いたとき、なぜだかワクワクしてくるはずです。あなたが住んでいる世界は、どんな姿なのでしょう。私のそれとは、まるで違うはずなのです。

　さて、すでに多くの良書がありますが、益田編集長の類稀なるセンスと実行力で、他社では考えられない奇抜なラインアップと構成を組むことが叶いました。

　撮影や同定に関しては、研究者の大久保重徳先生と新井ゆかり氏に、膨大な資料と広大な山野を案内していただきました。

　ユニークな雑草たちの発見と作業には、松本洋子先生、ガーデナーの森ひとみ氏、堀越芳子氏、坂間清美氏に、地元観察会「サワギキョウの会」のみなさまには、これまでまったく知らなかった「住んでいる町の姿」を教えてもらいました。ここに心からの感謝と敬意を述べたく思います。

　そして――自然の美しさや愛で方を、適切かつもっともすばらしい方法で教えてくれたのは、主婦である母でした。

　伝えるべきものが、自然な愉しみとして継がれてゆく――この先誰にとっても、そうあることを願ってやみません。

2009年4月末日　森 昭彦

CONTENTS

身近な雑草のふしぎ
野原の薬草・毒草から道草まで、魅力あふれる不思議な世界にようこそ

はじめに ... 3
プロローグ　雑草を学問する ... 9
　白い綿毛の不思議な世界 ... 10
　鏡の中の鏡〜自然科学の世界〜／タンポポ戦争の真実／
　外来種は悪者か？／史上最大。究極の生体エネルギー
　変換系／雑草という生命の定義

第1章　ひどい名前のそのワケを ... 21
全国行脚の陰嚢様 ──オオイヌノフグリ ... 22
究極の珍品タマタマ ──イヌノフグリ ... 24
屋根より高いビンボー神 ──ビンボウグサ ... 26
悪名たがわぬ最後っ屁 ──ヘクソカズラ ... 28
博士もお手上げ。畑の暴走族 ──ワルナスビ ... 30
だからバカなす ──イヌホオズキ ... 32
可憐なる尻裂きジャック ──ママコノシリヌグイ ... 34
ロリータ、はたまたバアさんか ──ハキダメギク ... 36
国家が育む危険な花園 ──オオキンケイギク ... 38
くしゃみ鼻みず、ムシのいどころ ──ブタクサ ... 40
外資系メガバンクの大戦略 ──オオブタクサ ... 42
山野にゆらめく「お雪の幻」 ──ハンゴンソウ ... 44

第2章　華麗なる毒草、やんちゃな薬草 ... 47
食べぬが仏、食べても仏 ──ニリンソウ ... 48
「婿だまし」の伝説 ──フキ ... 50
食い物の、恨み百まで ──オランダガラシ ... 52
逃亡するアキレウスの傷薬 ──セイヨウノコギリソウ ... 54
ヤブ医者を地獄送り ──ジゴクノカマノフタ ... 56
日本の雑草はヨーロッパの人気者 ──ドクダミ ... 58
草の王様と高価な勲章の話 ──クサノオウ ... 60
それは食えるか食えないか ──ヘビイチゴ ... 62
草むらの小さなランナー ──カキドオシ ... 64
毒を吐く建築アーティスト ──ナツトウダイ ... 66
お庭の星の王子さま ──ハコベ ... 68
幸せいっぱい夢いっぱい ──カタバミ ... 70
わんさか殖えるよ、ちびローズ ──ムラサキカタバミ ... 72
遊女と一茶、江戸の夜はかく更けゆきて ──ナルコユリ ... 74
愛の花園はカビとともにありぬ ──クサフジ ... 76
おいしい栄養吸引機 ──スベリヒユ ... 78
日陰の貴公子 ──ギボウシ ... 80
万葉の麗人はじゃじゃ馬娘 ──ヒルガオ ... 82
誉れも高きウドの大木 ──ウド ... 84
急いては事を仕損じる ──ヤブカラシ ... 86
カカトとヒザと関節炎 ──イノコヅチ ... 88
荒地にそびえるパリのエス・プリ ──ビロードモウズイカ ... 90

やさしく香るちんちろ毛 ——ハマスゲ		92
天才詐欺師アマロスエリン ——センブリ		94
海の女神はどんぶらこっと ——ヒガンバナ		96
かわいい顔して医者泣かせ ——ゲンノショウコ		98
荒地を飾る小さな太陽 ——キクイモ		100
血の気のない蒼き花園 ——トリカブト		102
清純なる皇女の天蓋 ——センニンソウ		104
摩天楼の吸血ラーメン ——アメリカネナシカズラ		106
ぶらりと揺れる精力いも ——ガガイモ		108

第3章　四季折々の美術品　111

里山の名脇役 ——ムラサキハナナ		112
せっかちな春の妖精 ——セツブンソウ		114
黄金色した春の使者 ——フクジュソウ		116
雑木林が育む花束 ——シュンラン		118
チビ助たちの幽玄なる舞い ——チゴユリ		120
キツネのおんぼろ唐傘 ——ヤブレガサ		122
そそり立つマムシの軍団 ——マムシグサ		124
妖しい魅力と罠と狩人の話 ——クマガイソウ		126
薄暗闇に棲まう小さな賢人 ——ユキノシタ		128
なくて七癖 ——スミレ		130
日本一のほほ笑みの向こうに ——サクラスミレ		132
日本原産のスウィートバイオレット ——ニオイタチツボスミレ		134
タネが鳴きますきっちょんちょん ——ツボスミレ		136
狂ラン時代の鬼ごっこ ——エビネ		138
アスファルトだってなんのその ——シャガ		140
祝福の、鐘が鳴りますキンコン圏 ——ネジバナ		142
昭和の雑草は21世紀の希少種 ——ミミナグサ		144
鎮座まします ピンクの仏像 ——ホトケノザ		146
森の木陰の月光菩薩 ——ギンリョウソウ		148
山道の紅い灯台 ——ベニバナイチヤクソウ		150
梅雨を彩る小さな釣り鐘 ——ホタルブクロ		152
ガマンできないの、お願い、触らないで ——キツリフネ		154
日常と幽界の狭間にありて ——ミソハギ		156

CONTENTS

デビルの吐息は甘いマスカット ——クズ ……………………… 158
赤毛のアンとギルバートの胃痛の話 ——ウマノアシガタ …… 160
甘い香りのぼんぼん草 ——ヒメクグ ………………………… 162
由緒正しき日本のサルビア ——キバナアキギリ …………… 164
あなたの愛、伝えませう ——ナンバンギセル ……………… 166
小道をゆく、風のささやき ——カゼクサ …………………… 168
若返りの仙薬で日の丸を描いた件 ——ミツバアケビ ……… 170
秋の夜風で今宵も一献 ——ススキ …………………………… 172
あなたは採るか、捕られるか ——サルトリイバラ ………… 174

第4章　蹴られても、踏みにじられても
　　　　ひと花咲かすよ …………………………………… 177

大自然に帰れた才媛 ——レンゲソウ ………………………… 178
荒地と果樹園の総合商社 ——カラスノエンドウ …………… 180
ヘソクリひとつも楽じゃない ——カラスビシャク ………… 182
都会の風情は田舎のため息 ——ツクシ ……………………… 184
草むらのゲリラ ——タネツケバナ …………………………… 186
あなたの鉢植え、開拓しませう ——ジシバリ ……………… 188
冬鳥と雑草の「春の祭典」 ——スズメノテッポウ ………… 190
お持ち帰りは大歓迎 ——イラクサ …………………………… 192
もうどうにも止まらない ——ヒメムカシヨモギ …………… 194
女たちの夕化粧 ——アカバナユウゲショウ ………………… 196
由緒ある草むらのミカン ——コミカンソウ ………………… 198
またの名を「小僧殺し」 ——メヒシバ ……………………… 200
ネコジャラシ四題 ——エノコログサ ………………………… 202
遭難を救った大名行列 ——オオバコ ………………………… 204
競争は苦手。果報は寝て待つ ——コニシキソウ …………… 206
マニック・マンデー（それは憂鬱な月曜の朝）
——ノブドウ …………………………………………………… 208
カワイイも、のど元すぎれば ——スズメウリ ……………… 210
あなたそれ、買うですか!? ——タケニグサ ………………… 212
幸せは、3年目の旅にありて高砂のオ ——タカサゴユリ … 214
赤だけが消えゆく珍変動 ——シロザとアカザ ……………… 216
勝手にグランドカバー ——チヂミザサ ……………………… 218
進化する防災対策 ——ウシノヒタイ ………………………… 220
怪物のデベソ、しめて2万個なり ——アレチウリ ………… 222
嗚呼、あこがれの藤色はいずこにありて ——ツユクサ …… 224
さすらいのベドウィン ——ベニバナボロギク ……………… 226
あなたの根性を試したい ——チカラシバ …………………… 228
ヨブが流した涙 ——ジュズダマ ……………………………… 230
いまだ見はてぬ道端の美学 ——キツネノマゴ ……………… 232

参考文献 ………………………………………………………… 234
索引 ……………………………………………………………… 235

プロローグ

雑草を学問する

＜案内所＞
「The marriage of true minds」
（誠実な心と心の結婚――シェークスピア）
まずはお互いの真意を確かめ、愉快な人生
を共有するための事実と感覚を科学する。

白い綿毛の不思議な世界——

🌱 鏡の中の鏡〜自然科学の世界〜

　雑草——それは技巧に富み、数奇なつくりをもつ生命体。

　いまのところ、生命界でもっとも傑出した種族の一員である私でも、煤煙が降り積もる国道の道端、山手線の線路、犬がナニする電柱の脇では暮らせない。

　私が最初に取りかかるべき仕事は、とりあえず、あなたを混乱に陥れることであろう。

　まず、「植物は光合成をする」という点において、道端で育つ**アメリカネナシカズラ**、**ナンバンギセル**などは、初めから仕事のすべてを放棄していて、葉緑体すらもっていない（寄生植物）。

　バカみたいに花を咲かせる**ホトケノザ**や**クサフジ**は、根っこにペット（菌）を飼っていて、**エビネ**や**ネジバナ**などのラン科植物になると、ペットなしでは発芽もままならない（各章で詳述）。他力本願もここまでくると自殺行為であるが、いまだ絶滅しないのは、大地の豊かさもさることながら、まだ知られていない"非常識戦略"があるのかもしれない。

　ごくおなじみのタンポポにしても、実態は大変なことになっている。

　一般的な図鑑やハンドブックによれば、日本だけでも20種類を超える種族が棲んでいて、私の近所にはおもに3種類が咲いている。

　関東でふつうにみられる**カントウタンポポ**。

　関西に多く見られる**シロバナタンポポ**。

　そして海外からやってきた**セイヨウタンポポ**。

　見るほどに郷愁を誘う、微笑ましい野花。この彼女たちが、道

プロローグ　雑草を学問する

植物珍・進化史

こーごーせー
シアノバクテリア

なにしてんの?
猛毒／硫化水素
嫌気性細菌

34億と6400万年が経過

トゲで武装する種族の登場

ワルナスビ　⇒第1章
ほか

トゲの役割は種族によりまるで違う
独創的な発想と使い道の数々

ペットを飼う種族の登場

クサフジ　⇒第2章
ほか

植物とペットのおかしな共同生活
不思議な暮らしと驚きの効果

光合成しません種族の登場

ギンリョウソウ　⇒第3章
ほか

やらなくてもなんとかイケた
植物頼みの植物ライフ

あらゆる手段で結実する
テクニシャン種族の登場

ツユクサ　⇒第4章
ほか

その手練手管と人間のため息……

?

端でなにをしているのかを考えると、自然界のとんでもない現実が垣間見えてくる。

そもそも自然界は、一般的な知識や見た目とまったく違っている。まず私たちの目は、知識や先入観などでわずかに歪んでしまう鏡で、自然界は、さらにでたらめな凹凸や湾曲にあふれている鏡面。観察はこれを合わせて観るわけだから――。

平凡なことも、びっくりする姿を現すようになる。

🌱 タンポポ戦争の真実

海外のセイヨウタンポポが日本固有のタンポポを駆逐している――こんなガイドをするヒトが、いまだにいた。

もしタンポポを見かけたら、大雑把に**総苞**の**外片**で区別してみたい。ほとんどが総苞の外片がそっくり返ったセイヨウ種であり、わが盟友のカントウはいずこにも見あたらない。1970年代、**タンポポ戦争**の姿がマスコミによって盛んに取り上げられたほか、実際に調べたヒトほど"駆逐説"を信じるようになる。それから40年が経とうというのに、セイヨウ種の悪者扱いはいまだ衰えない。

セイヨウ種は**無性生殖**といって、受粉をしなくとも200個／花ほどのタネをつける。冬でも開花・結実して綿毛を飛ばすため、年がら年中いくらでも殖え、嫌われる。

一方のカントウタンポポは、**有性生殖**にこだわっている。どうしても受粉が必要で、近くに仲間がいないとタネをつくれない。いつも肩身を寄せ合ってコロニーで暮らし、もしも開発工事で仲間を失うと、全滅することがある。一方、のどかな郊外では、カントウ種のコロニーがモコモコと茂り、健康的なハナバチたちを食事に招き、受粉を託している。雑草として元気に殖えている。

タンポポ戦争は、もともと存在していなかった。

カントウタンポポ
Taraxacum platycarpum

環境　陽あたりのよい野原や道ばた
花期　3〜5月
背丈　15〜30cm

Point
総苞の外片は直立したまま

シロバナタンポポ
Taraxacum albidum

環境　陽あたりのよい野原や道ばた
花期　4〜5月
背丈　30〜40cm

Point
白い花を咲かせる
（※セイヨウタンポポと同じく無性生殖で殖える）

セイヨウタンポポの一種
Taraxacum officinale

環境　都市部から里山の至るところ
花期　一般に3〜9月が最盛期
背丈　5〜30cm

Point
総苞の外片が反り返る
※これにそっくりだがタネが赤褐色のものをアカミタンポポ（外来種）という

カントウタンポポを駆逐したのは、なんのことはない、私たち人間の影響が大きかったようである。

🌱 外来種は悪者か？

　セイヨウタンポポについては、いくつかの問題が残っている。

　実のところ、セイヨウタンポポという種名は日本だけのもので、原産地のヨーロッパでは存在しない。というのも、薬用や食用として日本にもち込まれたのが1900年前後で、このとき複数のタンポポが混在していたといわれ、日本でいう「セイヨウタンポポ」は、種族がはっきりしない「いくつかの外来種タンポポの総称」として理解される。

　しかしもっとも問題とされるのは、**日本種との雑種**が爆発的に殖えていること。これも誤って理解されることが多い。

　全国に棲んでいるセイヨウタンポポらしきもののうち、純粋なセイヨウタンポポはほんのわずか。貴重になったともいえる（環境省によるサンプル調査）。近年まで、セイヨウ種とカントウ種では雑種ができにくい——というのが一般的な解説であった。染色体の数が違うのだから、ふつうに考えればあたり前である。けれどもDNA解析を通してみれば、セイヨウ種を父（花粉）、カントウ種を母（結実）とする雑種が圧倒的で、これまで「セイヨウタンポポである」とされたもののうち、実に85％を雑種が占め、純血種はわずか15％にすぎない。どちらが悪いという判決は、いまのところ下しようがない。もう少し時間をかけて彼女たちの人生を知る必要があるものと思う。

　きわめつけの疑問がまだある。雑草たちが、驚異的な適応力をもち、非常識なほど自由な繁栄ができるのはなぜか。

プロローグ　雑草を学問する

綿毛戦争のそれから──

カントウタンポポたち

郊外や里山では優占種として繁栄。場所によっては、セイヨウ系を見つけるのが難しいほどに。金色に輝く花は、見るほどに心にしみる

シロバナタンポポたち

いまでは関東北部まで広がる。もともと関東に自生していたともいわれるが、移入説もある。数は少ないが、ご覧のとおり頑健

キク科クレピス属
モモイロタンポポ

Crepis Rubra

バルカン半島・イタリア原産。花を愛する女性には、とかく人気が高い。在来タンポポとの交雑が心配されるが、学名を見ればわかるように属が違う。それでも心配な方は、タネが飛ぶ前に摘む。一年草なので収穫したタネをまけば、散逸せずに楽しめる。花期は4〜7月

※属が違えば交雑の可能性は低い（皆無ではない）。在来種へのインパクトの詳細は不明

🌱 史上最大。究極の生体エネルギー変換系

およそ34億と6400万年前、どこかのバクテリアが奇妙な仕事を始めた。光合成である。

私たちにばくだいな酸素を、無尽蔵の食料と薬効を与え、ガーデナーたちには永遠の苦悩と腰痛をもたらす原因は、すべてこの非常識なほどの超・高効率のエネルギー変換系にある。

生命はしばしば突然変異を起こすが、「なんとなくできちゃった」というシステムではない。右のイメージ図はひどく大ざっぱなもので、雑草がやっている仕事はもっと華麗である。そのしなやかで美しいシステムは魔法としかいいようがない。

もしも光合成の反応中心のシステムが解明できれば、超・高効率の光電変換デバイスの設計・開発、エネルギーや環境問題のブレイクスルーになると期待されている。なにしろ地球最大規模のバイオマス（生物資源）を支えているのは、ほかならぬ光合成。生命維持に不可欠な物質はもちろん、薬物、免疫、無限の適応力と繁殖力を支えている機構も光合成が中心となっている。中学・高校では退屈以外のなにものでもなかった植物生理は、21世紀で一大飛躍を遂げることと思う。

ところで、陸上植物の95%は昼間の強い光のうち3分の1しか利用できない。ところがススキ、エノコログサ、メヒシバはさらに非常識なことをやり、大量の二酸化炭素を吸収しながらほぼすべての光を光合成に使えるオバケ。手に負えないわけである。

🌱 雑草という生命の定義

わたしたちが粛々と額に汗して、土をひっくり返すと、わあいと生えてくるあの連中。

雑草とは、そもそもいかなる生命群をいうのであろうか。

美しいテクノロジーの生命力

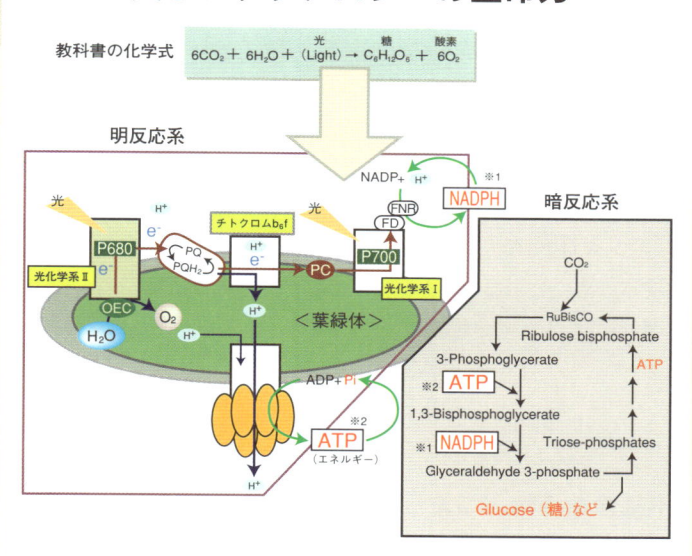

教科書の化学式

$$6CO_2 + 6H_2O + (Light) \rightarrow C_6H_{12}O_6 + 6O_2$$
(光) (糖) (酸素)

明反応系 〈葉緑体〉

光化学系II: P680, OEC, $H_2O \rightarrow O_2$, PQ/PQH₂, チトクロムb_6f
光化学系I: P700, PC, FD, FNR, NADP⁺ + H⁺ → NADPH ※1
ADP + Pi → ATP ※2（エネルギー）

暗反応系

CO_2 → RuBisCO → Ribulose bisphosphate
3-Phosphoglycerate
※2 ATP
1,3-Bisphosphoglycerate
※1 NADPH → Triose-phosphates
Glyceraldehyde 3-phosphate
Glucose（糖）など

光合成は世界を変える「至高の魔術」

渋滞多発地帯　灼熱の排水口　土壌がやせた工場地帯

昭和天皇が「雑草という植物はない」とおっしゃられてから、お経のように唱えて歩く人がいて、あるいは「雑草ではなく、すべて山野草である」とする人もある。

「科学的な定義などない」といわれ続けてきたけれど、この難題に挑んだ偉人は、確かにいた。

　ブレンチレー（1912年）は、
"不都合な植物、つまり欲しないところに生育する植物"

　キング（1951年）はいっそう文学的に、
"雑草は常に公平な審議を経ないでとがめられる植物"
とした。なるほどである。

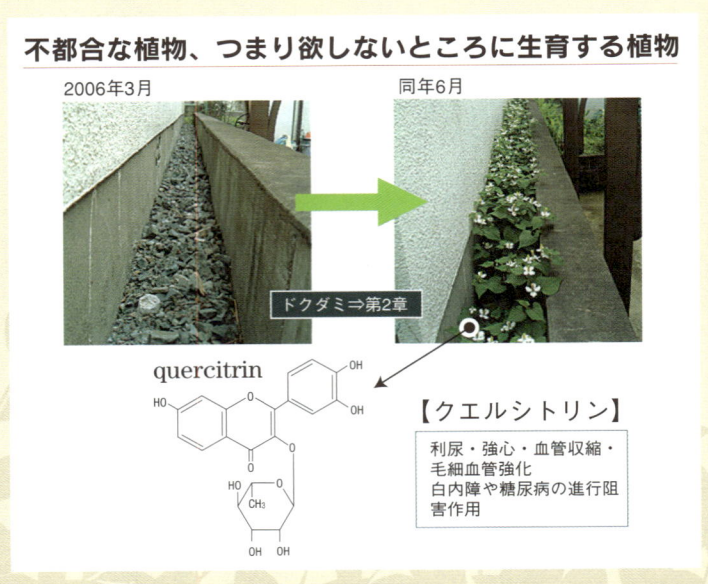

不都合な植物、つまり欲しないところに生育する植物

2006年3月 → 同年6月

ドクダミ⇒第2章

quercitrin

【クエルシトリン】
利尿・強心・血管収縮・毛細血管強化
白内障や糖尿病の進行阻害作用

なかでも次のものが、魅力的かつ明確であると思われる。
"まだ発見されない価値をもつ植物"
"作物の栽培が行われるような環境で、初めてその生活と繁殖ができるような植物の一群"

　あまたの植物のなかでも、特にこうした居候どもをひとくくりにして、徹底的に調べてやろうとするのが雑草生態学などで、その目的はいたって明快。

　①くだらない雑草で一攫千金を狙う（農薬・薬品の開発）
　②育てている野菜や花卉（かき）を守る
　③食べたらうまかった。ほかにはないか

雑草は常に公平な審議を経ないでとがめられる植物

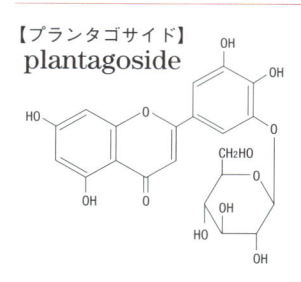

【プランタゴサイド】
plantagoside

【プランタギニン】
plantaginin

オオバコ⇒第4章

町や学校の美化運動でおなじみの「強敵」

運動場・砂利道・未舗装道路　たいていの植物が暮らせない劣悪な環境で生き延びる

強壮・鎮咳・去痰・止血
胃炎や胃潰瘍・十二指腸潰瘍
動脈硬化などへの応用もあり

④とにかく気になって夜も眠れない。大好き

　自然を最大限に楽しむ秘訣は、あなたなりの定義と目的を明確にしておきたい。小さな島国日本は、思いのほか歩き応えがあるし、四季も豊かなため、すべての「おもしろい」を見て回ることはできないからである。また希少な山野草は絶品であるけれど、その味わい深さを堪能するなら、身近な生命の輝きを知っておくに越したことはない。違いがわかったとき、そのよろこびは格別なものとなる。

　とはいえ、野辺の役者たちを知らぬことには楽しめない。

　四季折々、おかしな雑草たちが道端であなたをこまねいている。

まだ発見されない価値をもつ植物

霜にも負けず

開発の荒波にも負けない
じょうぶな心身をもち

欲はなく
いつも静かに
与えている

第1章
ひどい名前のそのワケを

＜風変わりなエントランス・ガーデン＞
雑草と人間──いつだってそばにいるちょっと
やっかいなアイツ。雑草は叡智で生きぬき、
人間は皮肉をこめて賛辞を贈る。

全国行脚の陰囊様
〜オオイヌノフグリ〜

　生命を育む自然界は「解けないパズル」。ひどく難解な暗号で絶妙なバランスを整えているけれど、ごく平凡な連中に、おおいなる役目を与えていることに気がつけば──。黄門様の印籠もさることながら、こちらの陰囊（いんのう）も効果絶大。

　春の青空、軽やかに歌い、舞い上がるヒバリの姿。野辺や田んぼの青い宝石**オオイヌノフグリ**は、こうしたのびやかな春の情景を鏡面のごとく映しだす。しばしば花壇や鉢植えに侵入し、あえなくむしられるが、ないと困る。早春、長い冬眠ですっかり体力を失った野生のミツバチやハナアブは、この花粉と蜜で疲れを癒（いや）す。花の少ない12月から2月の厳冬期も咲くため、欠くことのできない食卓となり、これを愛する小さな動物もまた、どの顔も、貴重な山野草の受粉に欠かせない。

　大自然は、こうした小さな手で結ばれ、リズミカルなダンスを楽しんでいるのだが、陰囊様も施すばかりではない。

　腹ぺこのミツバチは、この群落を見つけると、嬉々として舞い降りてくる。花にしがみついたそのとき、ぐるりんとひと回り。花がミツバチの体重で傾いてしまう。天地が逆さまになり、あわてて姿勢を戻し、花に潜ろうとすると、またしてもカックン。こうしてあたふたするため、花粉は確実に運ばれる。

　誰もこない場合は、オシベが内側にカールして、自分のメシベとごっつんする。自分だけでも受粉ができるので（**自家受粉**）、陰囊様は全国各地、どこにでも顔をだす。

　花がしぼんだあと、おかしなものがぶらさがる。うぶ毛が生えた小さなふくらみは、きっとあなたを笑顔にしてくれるはず。

第1章 ひどい名前のそのワケを

ゴマノハグサ科
SCROPHULARIACEAE
オオイヌノフグリ

Veronica persica

環境　日当たりのよい荒地や道端
花期　（一般に）3〜5月[※1]
背丈　5〜10cm

Point
空色の花は大きい。これを支える花茎がひ弱でカックンするのも大事な戦略のひとつ（写真）

全体的に地を這うように広がる

——※1：花期——
驚くことに関東ではほぼ1年中開花して結実する。どうりで殖えるわけである

花
いろいろな花との競演が愛らしい。近づいてみると色彩の美しさに驚く。ツンと立ち上がる2本の雄しべがアクセント

果実
名前の由来も「なるほどねえ」と思わせる。なんともほほえましい姿

究極の珍品タマタマ
〜イヌノフグリ〜

　オオイヌ（大犬）ノフグリというくらいだから、仲間がいる。ひとつは立っている犬のフグリ（**タチイヌノフグリ**）。なにが立っているかといえば、もちろん茎である。あらゆる場所に生えるものの、地味なため、気がつかない。よく見れば、茎の先っぽに小さな空色の花がある。これまたあまりにも小さいので、無用な草と思えるが、蜜をだし、アリンコなど小さな動物の生活をしっかりと支えている。

　きわめつけは、大きくもなく、立ってもない、**イヌノフグリ**。一般的に次のように解説される。大犬と立ち犬は**帰化植物**であり、明治時代に入ってきた。これが全国に広がるにつれ、日本土着のイヌノフグリが姿を消している――なんだか大犬たちが悪者に思えてしまうが、実際はどうであろうか。調べたところ、確かにめったなことでは逢えないけれど、結局のところ、開発による撹乱のツケがまわってきたのであり、雑草たちのせいではないようだ。どうにかして撮影すべく、いく度も山間部に行ってみたが、やはり見つからない。まさに珍品の陰囊様であった。ここまでやると、出逢ったときの感銘はひとしお。ごく近所の丘陵で、大犬や立ち犬の群落の中でひっそりと咲いていたのである。

　興奮冷めやらぬなか、ルーペでのぞく。大犬たちにはない、桃色の花弁に、真珠のような光沢が、陽光にキラキラときらめいている――妙技と思える造作の不思議に、言葉もない。

　見分け方は右図のとおりであるが、なにしろ小さい。しゃがみ込み、背中を丸め、軽く口を開ける。ブツブツいってもいい。

　結局のところ、なにが究極かといえば、こうして草むらをのぞきこむ、あなたや私の背中がきわまっている。

第1章 ひどい名前のそのワケを

ゴマノハグサ科
SCROPHULARIACEAE

イヌノフグリ

Veronica didyma
var. *lilacina*

環境　日当たりのよい畑や岩場
花期　3〜4月
背丈　5〜10cm

Point
まめまめしい花は薄ピンク

全体的にひょろりと立ち上がる

──雑草も絶滅危惧種に──
本草は薬草や食用にもならず生活とは無縁ともいえる雑草。それが環境省と34都府県で**絶滅危惧種**に指定される時代になった

🌼暮らしぶり
自然が多い丘陵や山地などで見られる。小さな群落をつくってしみじみと暮らす。驚くことに花にはシルクのような輝きがある

（写真撮影・提供：中村 功氏）

🌼花　タチイヌノフグリ
Veronica arvensis

イヌノフグリとそっくりであるが花色がブルー。こちらは庭先や草地でふつうに見ることができる。ふぐりも小さい

屋根より高いビンボー神
〜ビンボウグサ〜

　2階スレート葺きうんぬんといった現代では、ビンボウグサの威光もすっかり地に落ちてしまった。事実、彼らの姿は地面ばかりでお目にかかる。

　万葉の時代より、春の七草として愛されてきた彼らは、どこにでも生えるし、好きなだけ採れる自然の恵み。ユニークな果実が有名であるが、ルーペという洒落たものでのぞいてみると、貧相に思えた花の姿に意外な感銘を受ける。少女の丸襟のように広げた花弁に、黄色いオシベがちょんちょんと飾り立てられ、人間はおろか、好みにうるさい小さな生き物たちにも人気の野花。

　正式な和名をナズナといい、由来は諸説あるが、思わず撫でて愛でたくなる菜っ葉──撫菜が転じたとする説がふさわしい。野趣あふるる風味を楽しみながら、ビタミン・ミネラル剤になるほか、止血剤や利尿剤も兼ねていたすぐれもの。待ち焦がれた春に、ふわりと咲き誇る群落を見つけるだけで、祖先たちも心を躍らせたことであろう。

　ナズナの繁殖力は見事なもので、昔は場所を選ばなかった。小さな種子は風に舞い、あるいは動物に運ばれて、茅葺き屋根を花畑で飾ったそうである。

　さて、役に立たないナズナもあるが、可憐さはひときわ。

　イヌナズナ（絶滅危惧種）は、同じような場所に生えており、一見すると黄花のナズナに思える。けれどもナズナのように大きな群落をつくらず、レモンイエローの花束を、草むらにちょこんと挿したような風情。よく見ると果実も違い、丸みを帯びたヘラ形をしているのもこよなく塩梅がよい。

　どちらも時代の流れに左右されない、愛すべき野辺の花である。

第1章 ひどい名前のそのワケを

アブラナ科
CRUCIFERAE

ナズナ（ビンボウグサ）

Capsella bursa-pastoris

環境　庭、畑、道端、草地など
花期　3〜6月[※1]
背丈　10〜40cm

Point
花はホワイト

茎の上部の葉は茎を抱く

根元に広がる葉（ロゼット）には、鳥の羽のような切れ込みがある

——※1：花期——
本種も関東では1年中開花する。霜が降りる12月の荒地に、忽然と白いお花畑が出現して驚かされる

①イヌナズナ
②マメグンバイナズナ

暮らしぶり
明るい草地で、いつの間にか群落をこさえる。ぺんぺん草の由来となった実は、三角で先が凹む

近縁種
①食用にならないので「イヌ」がつけられた黄色い小花が愛らしく、果実も愛嬌たっぷり
②河原の道端などに多い。「軍配」の姿をした実がユニーク。中にはタネがひとつだけ眠る

悪名たがわぬ最後っ屁
〜ヘクソカズラ〜

　不精なくせに、気になることは試してみたくなる性分。得をしたことはなく、むしろひどい目にあう。

　晩春ともなれば、ニョッキリと立ち上がり、ほかの植物たちの迷惑顔を他所(よそ)にくるくると絡みつく。短い夏がすぎ、秋を迎えるころ、命脈つき、すっかり立ち枯れ、黄金色の珠を鈴なりにする。つるべ落としの陽光に、オツな輝きを見せる。

　昔の人々は、この植物に風情を見ていた。別名のヤイトバナは、花の先端がヤイト（お灸）の跡に見えるから。サオトメバナは、田植えの時期、女性がかぶる愛らしい帽子に見立てたもの。風雅なセンスは、実物を見ればなるほどと思う。

　ひょっとすると、日本でいちばんひどい名前かもしれない**ヘクソカズラ**は、そのものズバリ、臭(にお)いに由来する。けれども本当のところは、まるで役に立たず、生垣や草花に迷惑なほど絡みつくからであろう。実際、庭先から荒地まで、この居候は場所を選ばず、こちらの迷惑顔をよそにのびのびと暮らす。

　問題のひどい臭いは、生ぬるい、むわっとした悪臭が鼻をつんざく。屁カヅラ、糞カヅラではぐあいが悪い。やはり屁糞あいまって、初めて合点がゆく。

　草刈りなどで傷をつけると、反撃するべく最後っ屁を食らわせてくる。「お前、なかなかやるな」とうならされるが、感傷にひたるヒマもないほど臭い。

　人間の役に立たなくても、長いこと観察していると、多くの生命を育んでいることがわかる。すると、連中は荒地を耕す早乙女(さおとめ)には違いなく、小さな花と黄金色の珠を見つけたとき、ムダなものなどない不思議をしみじみと思う。

第1章 ひどい名前のそのワケを

アカネ科
RUBIACEAE

ヘクソカズラ

Paederia scandens

環境　庭先や道端、ヤブ、草地
花期　8〜9月
背丈　ツル性

Point
葉っぱが左右「対」になってでる
（ツル植物識別の重要なポイント）

花笠のような花が特徴

——もっとも確実な識別法——
花のない時期に確かめるなら葉茎を
切ってみる。名前のような臭いがむ
わっとしたら間違いなし

果実
秋冬に見られる黄金色が
有名であるが、晩夏に見
られるヒスイ玉もすばら
らしい

花
『万葉集』でもクソカズラと散々で
あるが花の愛らしさは万人が認め
る。数も多くて可憐

博士もお手上げ。畑の暴走族
〜ワルナスビ〜

　話は昭和初期までさかのぼる。千葉県の三理塚（現在の成田空港の一部）にて、見たこともない珍妙な植物を発見した。これを嬉々として持ち帰り、あなたと同じようにワクワクして育ててみた。数年後、大暴走を始め、辺りかまわず繁殖し、近所の農家に迷惑をかけたという。その人物こそ、日本植物学の巨人、牧野富太郎博士。このナス科植物に「なんたる悪さをするナスであるか……」として ワルナスビ の名を与えた。

　梅雨から秋にかけて、道端や田畑のそばで、淡いアメジスト色をした、星型の、美しい花畑が広がる。花の中心から突きだした花芯も、あざやかなレモン色で、のどかな景色にひときわ映える。かの博士も、その美しさには目を見張ったことであろう。

　さて、けな気な愛嬌に誘われて、ふと手を差しのべてはならない。茎ばかりか、葉の裏まで、いやらしく尖ったトゲをびっしりと並べ、なんぴとたりとも触れることを許さない。軍手をつけても、ひどく痛くてたまらない。

　鎌や電動機でもってバッサバッサとなぎ倒す人々がいる。けれどもワルナスビは先手を打っており、すでに果実をばらまき、翌年にはもっさりと茂る。あるいは土の下に、わずかでも根っこが残っていたら、早春にはかわいらしい新芽をだして、もっさりと茂る。毎年、愕然としながら花畑を楽しむほかない。

　彼らの知恵は底がしれない。全草にはソラニンといった神経毒を含み、切り口から流れだすので注意が必要。

　そもそも、梅雨から真夏にかけては、生き物にとって過酷な時期が続く。病気の蔓延や痛烈な紫外線にもめげず、勇気凛々と花を咲かせる姿には、牧野博士ならずとも感服せざるをえない。

第1章 ひどい名前のそのワケを

ナス科
SOLANACEAE

ワルナスビ

Solanum carolinense

環境　畑、道端や草地など
花期　6〜10月
背丈　30〜50cm

:P:oint
花弁は星型になって広がる
黄色いヤクがバナナみたいに太る

葉っぱが「非」対称で歪んでいる
(かならず微妙にズレて成長する
クセがある)

―― トゲのはなし ――
植物によってトゲの使い方が違うた
め、硬さや大きさが違うのもおもし
ろいところ。本種のトゲはきわめて
鋭利で数も多い。葉の裏も要注意

暮らしぶり

舗装された道の合間や歩道の植
え込みに多い。なんとしても一
帯すべてを占領すべく大奮闘

花

薄いアメジスト色のパラソルを
ふんわりと広げる。秋冬になる
と黄色いちびナスがぶらさが
る。風情はあるが食べられない

だからバカなす
～イヌホオズキ～

　イヌだのカラスだのと、動物の名前がつくものは「役立たず」という暗喩(あんゆ)が込められる。どうにも納得できない。ネコがいないのだ。あるにはあるが、悪い意味などこれっぽっちもない。大害獣であるネズミを捕るからであろうか──と考えたところで、「やぁ、そうか」と新説が浮かんだ。

　この**イヌホオズキ**であるが、別名も踏んだり蹴ったり。ホオズキやナスビに似ているが、まるで役に立たないので「ばかなすび」呼ばわりされている。「ばか」までくると愛らしく思えるが、事実、花はとてもかわいらしく、立ち姿も周囲の草とはまるで違い、妖艶な気品を漂よわせる。レモンイエローのしべをツンと伸ばし、星型の白い花弁をカクテルドレスみたいにふんわりと広げる。似たものに**アメリカイヌホウズキ**があり、こちらの花色は紫である。書物の多くは「花の色、果実のつき方と光沢で区別する」とあるが、はっきりいってあてにならない。実物で比べてみないとまるでわからない(『日本の帰化植物』平凡社)というのが実感で、しかも2008年の実踏調査では、比企(ひき)丘陵と武蔵野丘陵を歩いたところ、9割9分がアメリカイヌホオズキで、イヌホオズキはたったの4株だけ。雑草のはずが、すっかりレアとなった。

　さて、いずれも鋭いトゲこそないが、毒がある。さらに一度生えると抜いてもキリなく、踏んでも蹴ってもくじけやしない。喰えない、使えない、ああジャマだという三拍子がそろいぶみ。つまり、きわめて賢い雑草であって、バイパスの道端でも、排気ガスにまみれても元気よく育つ。

　思えばイヌやカラス、あるいはキツネなどといった動物は賢いものばかり。役に立たぬが、歯も立たないというわけ。

第1章 ひどい名前のそのワケを

ナス科
SOLANACEAE
イヌホオズキ

Solanum nigrum

環境　畑、道端や草地など
花期　7〜10月
背丈　30〜60cm

Point

全体が樹木のようにすっくと立つ
(アメリカは横に広がる傾向が強い)

花はホワイト
(アメリカイヌホオズキはおもに紫色)

茎は暗紫色が強くでる

——アメリカイヌホオズキとの識別——
花が紫であったらアメリカイヌホオズキであるが、しばしば白っぽいものもある。果実で区別できるが、そうでない時期での区別はかなりの慣れが必要

立ち姿

国産種はずんぐりむっくりの骨太タイプ。茎は太くて色も醤油風。葉もアメリカ産の1.5倍以上も大きいので慣れるとわかる

花と果実

日本産イヌホオズキは直径8mm。アメリカ産は5mmほどと小さい。わずか3mmの違いでも、自然の中ではびっくりするほど大きく映る

可憐なる尻裂きジャック
〜ママコノシリヌグイ〜

　その名の由来について、図鑑には次のように記されている。
「茎や葉に棘があり、いかにも痛そうなのでつけられた」
　気になるのは「いかにも痛そう」という一節。
　ママコノシリヌグイは、道端や林の縁など、至るところに棲んでいる。彼らの気配に気がつくのは5月ごろ。
　春の長雨で勢いづき、周りの雑草たちを押しのけグングンと育つ。ふと足を止め、しゃがみ込み、葉っぱを1枚失敬する。これを手に乗せて、あることを試せば、すべてが了解できる。
　試しにズボンの上からお尻にあてがってみてほしい。ツボを押さえたフィット感に「ほう」と感嘆がもれる。つと辺りを見渡せば、大きなイラクサもよさそうだが、毒の棘で尻がヤケドする。ヤマアジサイはといえば、ゴワゴワしているし、青酸毒をもつので勘弁願いたい。なめらかな肌触りといい、危険な毒性もないことから、安心して使えそうだ。
　ただし、いかにも痛そう。葉っぱの裏には棘(とげ)が並び、ジーンズの尻の布地をギャリギャリと削った。そこで泣きわめくばかりの、自分の子ではない継子(ままこ)には、その裏側でもって——。「いかにも」とは、継子がさぞかし痛がるであろうなぁということ。誰が思いついたのであろうか、ひどい話である。そもそも興味本位で気軽に手を伸ばしたならば、「痛っ！」と叫ぶはめになる。小さな棘がやっかいなほど不規則に密集して、触れるものを拒んでいる。
　梅雨を迎えたころ、星型をした、薄桃色に染まったつぼみが盛んに咲きだし、愛らしいお花畑が現れる。
　花期は長く、驚くほど多くの生き物がこの花に集まってくる。
　真実は、尻拭いどころか、やさしく甘い乳房であった。

第1章 ひどい名前のそのワケを

タデ科
POLYGONACEAE
ママコノシリヌグイ
Polygonum senticosum

環境　畑、道端や草地など
花期　5〜10月
背丈　50〜100cm

Point
- 特徴となる葉は三角形で先が尖る
- 小さなトゲはかならず下を向く
- 茎に密集するほか、葉裏にも並ぶ（なかなか硬くて痛い）

――― 益虫の宝庫 ―――
本種の花には害虫を狩るハチや受粉の専門家であるハナアブ、ハナムグリ、チョウなどが集結してくる。観察しても楽しい

花
桃色のコンペイトウみたいなつぼみと花は可憐。しばしば大きなお花畑を出現させて驚かせる。湾曲したトゲは全草に見られ不規則に並ぶ

近縁種 イシミカワ *Polygonum perfoliatum*
葉っぱや雰囲気がそっくりなものにイシミカワがある。茎に丸い襟巻きがあればこちら。荒地にあって果実の色がパステル調で美しい

ロリータ、はたまたバアさんか
〜ハキダメギク〜

　友人には変わった傑物(けつぶつ)が多い。たいていのことは慣れっこであるが、それでも食卓にこれが活けられていたときはギョッとした。とんでもないセンスである。

　道端から野原まで、ハキダメギクはところかまわず元気に咲いてみせる。太陽みたいな黄色い花芯に、小さな白いフリルがちょんちょんと飾られている。草原で歌う少女のように愛らしく、あるいは入れ歯を外したバアさんがニヤリと笑っているようにも見える。どういう次第でか、フリルが歯抜けになっていることが多い。

　いまではすっかり使われなくなったが、掃き溜めとはゴミ捨て場をいう。植物界の巨人牧野博士は、世田谷の掃き溜めで見つけたのでこの名をつけたそうだ。

　書物では、しばしば「なんてかわいそうに」と同情を寄せるが、それはちと早計ではなかろうか。博士が「掃き溜めに鶴」にひっかけているとしたら、まるで違う結論になろう。そもそもこれは、ひときわ貧しい破れ長屋にあって、ごくまれに、品格のある美しい女性が混じっていることに由来する。つまり意外なところにすぐれた美しいものがあることの喩(たと)えである。

　若輩の私ですらかわいいなぁと思うので、人生を植物に捧げたほどの巨人が、「なんて汚いところに咲くヤツだ。一興、お前の名は」というわけでもなかろう（ワルナスビはその手でつけているが）。真意はまったく逆にあったのではなかろうか。

　これを食卓に飾り、私を迎えてくれた友人には、まったく頭が下がる。私もかくありたいと願うのであるが——いまだ飾る気になれない。バアさんの口の中をのぞく気分になるからだ。

第1章 ひどい名前のそのワケを

キク科
COMPOSITAE
ハキダメギク

Galinsoga ciliata

環境　畑、道端、ゴミ置き場付近
花期　6〜11月
背丈　20〜50cm

Point
白い花弁は5枚から3枚ほどと、ばらつきがあるのがユニーク

葉はすべて対にでる（対生）

——本当に掃き溜めに？——
さすがにコンクリート製のごみ捨て場には生えないものの、除草や稲わらを野積みしておくと確かに生えてくる。栄養大好き雑草

不思議な引力
熟練者ほど惹きつける不思議な魅力をもつ。その旺盛な生命力に輝きを見ているのかもしれない

花
こんもりとした黄色い花芯に清楚な花弁。初めて見た人は印象にも残らないほど地味

国家が育む危険な花園
～オオキンケイギク～

　なにがひどいかといえば、名前に偽りアリだから。大金鶏菊というので、その可憐な美しさで、私たちの心に金の卵を生んでくれると思いきや、うっかりすると、これのせいで財布に羽が生えて飛んでゆく始末とあいなる。

　初夏。いつもの道端の花壇が、それは愛らしい花たちで飾られてゆく。なかでもオレンジ色に輝く花畑は壮麗で、風に揺れる姿は黄金のさざなみ。誰もがコスモスの一種、キバナコスモスだと思う。ところが、高速道路の土手、国道の中央分離帯など、園芸家が好んでもぐり込まないような場所にオレンジ帝国が出現していたら、きっと**オオキンケイギク**であろう。

　育てやすくて美しい。だからこそ輸入されたのであるが、2006年、大事件が起こる。

　「特定外来生物による生態系等に係る被害の防止に関する法律」という、相変わらずセンスのかけらもないものが施行され、栽培はもちろん運搬まで規制された。これに違反した場合、個人には3年以下の懲役もしくは300万円以下の罰金、法人には1億円以下の罰金。「ずいぶん前から栽培していたけれど」という言い訳は無用で徒労。栽培には許可が必要で、園芸目的で許可が下りることはない。学識経験者という変種が、日本の生態系をめちゃめちゃに荒らしてしまう、という結論をだしたのであるが、あなたと同じように、現場の研究者たちはこぞって首をかしげている。

　やがて消えゆく美しい花園を、いまのうちに堪能しておきたい。おもに国家が管理する土地であれば、それは見事な楽園を楽しめる。皮肉ではない。6月の上信越道や関越道は格別に美しいものであった。現場の私たちが首をひねる理由は、ここにある。

第1章 ひどい名前のそのワケを

キク科
COMPOSITAE
オオキンケイギク
Coreopsis lanceolata

環境　土手、道端、草地など
花期　5〜7月
背丈　30〜70cm

Point
観賞用にされたほど大きく美しい

葉は丸みを帯びたへら形

——皮肉な運命——
寒さに強く葉姿も美しいことから、全国の緑化運動で大活躍した。輸入したのも増殖させたのも人間。一転、いまは躍起になって駆逐中

暮らしぶり
土手や高速道路ののり面を金色に染め上げる。一度繁殖すると、完全な駆逐はかなり難しい。結実の前に刈り込むことで抑制する

撮影：MU氏
http://www9.plala.or.jp/mosimosi/

近縁種　キバナコスモス *Cosmos sulphureus*
育てやすく美しいことで人気がある（オオキンケイギクとまったく同じ理由）。葉が羽状に細かく切れ込むので区別が可能

39

くしゃみ鼻みず、ムシのいどころ
〜ブタクサ〜

　そもそも英名の誤訳でブタになったのであって、学名 Ambrosia には「神の食物」という崇高な意味がある。なるほど、近年になって、小さな救いの神の大好物であることがわかった。

　ブタクサがもっとも嫌われるのは、7〜10月にかけての開花期。日本では1961年ごろから、スギ花粉症よりひどい症状を引き起こす。荒地や道端でもって、ひそやかに育ったブタクサたちは、見栄えのしない貧相な花穂から天文学的な花粉を風に乗せる。その証拠に、指先でチョンと触れれば、そよ風が黄色く染まる。こうした無思慮なばらまき作戦は、それだけでもつつましやかな日本人の情緒を害するわけだけれども、多くの人は、この花期以外のブタクサをあまり知らない。

　実のところ、のどかな環境を回復させるための開拓者として働いている。どれほど貧弱な土壌でも、文句もいわず「ひと肌脱ぐか」と腕をまくり、葉を広げる。粗末な食事だけで荒地を耕し、たった半年でひと花咲かせる──人間では考えられないアメリカンドリームを、ブタクサは平然とやってのける。貧相な環境では頼りになる相棒（小動物）も期待できないため、季節の風に数を託す。これが凶悪なアレルゲンとなって降りそそぐのであるが、そもそも乱開発のツケがまわってきたともいえなくもない。手入れがされた雑木林や耕作地では、ほとんど見かけない。

　ここに救いの神が飛んできた。1997年、ブタクサハムシなる小さな虫が、ブタクサやオオブタクサをボロクズになるまで食い散らかしている姿が確認された。この小さな神の使者は、多産で、大食漢で、分散力も高く、屈強なブタクサといい闘いをしている。

　その勝負の行方、あなたの近所ではいかがであろうか？

第1章 ひどい名前のそのワケを

キク科
COMPOSITAE
ブタクサ

Ambrosia artemisiaefolia var. *elatior*

環境　道端、荒地、河原など
花期　7〜10月
背丈　30〜150cm

Point

ひょろりと伸びた花穂はすべて雄花（雌花は花穂の基部に数個だけつく）

葉っぱは細く深く切れ込む

――問題の花の数は？――
花穂に並ぶ丸い花は実は集合体。花粉の元凶となる花はその中に5〜20個も潜んでいる。考えただけでも鼻がむずがゆい

花

タコの吸盤みたいな小花は恐るべき花粉爆弾。なにかが触れようものなら風が黄色く染まる

小さな救世主？

ブタクサハムシは体長5mm足らずの小兵であるが食欲は旺盛。子宝にも恵まれるためブタクサ類も瀕死に（※写真はオオブタクサ）

外資系メガバンクの大戦略
～オオブタクサ～

　この雑草は、大人社会の"めくるめく悪循環"というものを目に見えるかたちで教えてくれる。

　オオブタクサは、昭和20年ごろ、北米から貨物船に揺られてやってきた。よほど日本が気に入ったのか、たちまちのうちに繁茂して、河原や荒地で日本固有の雑草を駆逐している。おもに犠牲となっているのがブタクサであると知れば、「やあ、いいヤツだったのか」とも思う人もあろう。とんでもない。

　やせっぽちのブタクサと違い、オオブタクサは恰幅のよいアメリカ男——しかも相当な資産をもつ外資系。初めて出逢ったときは、生命力に満ちた、美しいバイカラーの葉に感心した。それに人間には決して成しえない、あのやっかいなブタクサを追いやっているのだから、その生命エネルギーは尋常ではない。

　彼らの繁栄は、人間の縦社会を巧妙に利用している点にもある。組織の上司とは、もっともイヤな時期に、迷惑な仕事を思いつく天才のことをいう。しかもたいてい頓挫する。これが大企業や開発会社であると、部下にも予測不可能であった開発と放棄による撹乱が起こるが、それこそ彼らが待っていたもの。いち早く芽をだして、豪快に茂る。花粉をまき散らし、やがて莫大な資産を飛ばす。これらすべては土壌に貯蓄され、早春、いち早く発芽する。十年前まで「ブタクサより少ない」とされていたが、形勢は完全に逆転。ブタクサがわずかに減っても、北米人を苦しめる強烈な花粉症の元凶が茂っている。ちなみに庭園や耕作地などでは、この問題は起きない。ブタクサ類が繁茂するためには、いくつかの土壌が必要である。まずは"思いつき"と"責任転嫁"がはびこって、思考停止と先送りが成立してからなのである。

第1章 ひどい名前のそのワケを

キク科
COMPOSITAE
オオブタクサ

Ambrosia trifida

環境　道端、荒地、河原など
花期　8〜9月
背丈　100〜300cm

:P:oint
花の色は明るいレモン色
（ブタクサは赤茶けている）

葉の幅は広く手のひら状に切れ込む

──オオブタクサの威力──
1993年埼玉県で行われた調査では、オオブタクサの密度が高いと植物の多様性が見事に失われていた。下の写真を見れば一目瞭然

🌼 繁殖地
背丈は2mを軽く越す。大きな葉を無造作に広げて日光を遮断するなど、やりたい放題

🌼 花粉爆弾
そよ風に揺られるだけで莫大な花粉をばらまく。冗談ではなく風が染まる

山野にゆらめく「お雪の幻」
〜ハンゴンソウ〜

　いつか見た、古い幽霊画がそこにある。うわぁんと伸び上がり、高みから見下ろされ、「ほれ、こっちさこい」と手で招く。初めて出逢ったのが、奇しくもお盆の夕暮れであったからたまらない。

　2メートルかそれ以上にもなるハンゴンソウ（反魂草）は、湿り気のある林床や山の道端などに、ひょおとそそり立つ。背筋をスラリと伸ばすのはいいとして、やたらに大きく育った葉っぱを、力なく、ダラリとうな垂れさせる。てっぺんに、あざやかな黄色い花を並べ、きわめて美しい姿態ではあるのだけれど、なぜか、不思議なほど精気が感じられない。さっと頭を掠（かす）めたのが円山応挙（まるやまおうきょ）の「お雪の幻」。優美であり、香気さえ漂わせるほどなのに、そら恐ろしい冷気でもって人を寄せつけない。事実、この植物には独特の香気があるといわれるが、日も暮れてきたことから、怖くなり、試すどころではなかった。

　あの世に招く姿からその名がついたというが、病人をこの世に返す薬効があるという説もある。ところが独特のアクがきわめて強く、微量ながらも有毒なピロリジジンアルカロイド（肝臓や腎臓機能を害する物質）を含む。天ぷらにするのが無難とされるが、油は黒く汚れ、たちまち使いものにならなくなるという。

　反魂の妙法は、なかなか使い勝手が悪いらしい。収穫時期や調理の妙味を知らぬと、アクの強さに冷たい汗がしたたる。あげく、風味は生えている場所によってまるで違うというのだから、「おいでおいで」のお誘いは、謙虚に辞退するのがよろしい。

　お盆から彼岸のあたりが花期である。人気のない場所で、暮れなずむ逢う魔ヶ時（おうまがどき）、ひっそりとたたずむ姿を堪能したい。西風が吹き抜け、森がざわめくなか、「おいでおいで」と虚ろに誘い――。

第1章 ひどい名前のそのワケを

キク科
COMPOSITAE
ハンゴンソウ
Senecio cannabifolius

環境　山地や丘陵の湿った草地など
花期　7〜9月
背丈　100〜200cm

Point
黄色い花を傘状に咲かせる

手のひら状の大きな葉をぐったりと下げる

——キオンとの識別——
山野には花がそっくりなキオンが咲く。葉を見ると簡単で、キオンには切れ込みがない

暮らしぶり
物静かな山野に立っている。全体的にたくましいが、なぜか生気を感じない。思い込みだとしても、それはそれで楽しい

撮影：大竹望夫氏

近縁種　オオハンゴンソウ
Rudbeckia laciniata

人気の園芸種として庭園などでも栽培されていたが、いまでは「特定外来生物」として禁止

45

第2章

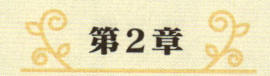

華麗なる毒草、やんちゃな薬草

＜錬金術師たちの庭園＞
貧しい土地でも豊かに生きる、不思議な
営みの神秘。雑草と人間の、愛情と、
下心とすこやかな友情の日々。

食べぬが仏、食べても仏
～ニリンソウ～

　ひとつの茎から2つの花を咲かすのでニリンソウ（二輪草）。案の定、これには例外があって、やっかいなことが起きる。

　北海道や東北地方では、早春の山菜としてひときわ人気があり、天ぷらにすれば山野の風雅が広がり、塩茹（ゆ）でしたものを辛（から）し和（あ）えやおひたしにしてもよい。ここに、熟練者だけが知る、最高に楽しむ秘訣が2つある。ひとつ、花が咲く前の地上部を摘む。ひとつ、収穫期であってもがまんすること（すぐに手をださない）。

　迷惑なことに、ニリンソウはそっくりな連中といっしょに暮らしていて、親戚にあたるイチリンソウ、サンリンソウは有毒植物で、気まぐれなため、花の数を思いつきで決める。たとえばイチリンソウでも二輪咲くことがある。花の大きさで区別がつくが（イチリンソウは明らかに小さい）、ふだんから見比べていなければ、そうそうわかるものではない。

　猛毒トリカブトの場合、葉茎だけの時期であると、ニリンソウとの区別がつかず、地元の農家でも誤食事故を起こす。識別は、収穫したとき、茎の切り口を見る。淡いピンク色で三日月形であればトリカブトで、ニリンソウは緑色で円形。もっとも効果的であるのが根っこを見る。塊状の根茎があったらトリカブト（ニリンソウにはない）。なんとかトリカブトは避けられても、ほかの類似品と間違えたらすべてが台なし。ハンドブック頼みでは危険きわまりない。何年か、自分で歩くことが肝要となる。

　そもそもニリンソウ自身も毒をもっているが、毒性は低く、調理で有毒成分を排除できる。けれども野草は、はっきりと識別できるほど上達して、初めて風味が際立つものではないだろうか。

　山野では、ほどほどの空腹と、ちょっとした苦労も調味料。

第2章 華麗なる毒草、やんちゃな薬草

キンポウゲ科
RANUNCULACEAE
ニリンソウ

Anemone flaccida

環境　山地や丘陵の林内など
花期　4～5月
背丈　15～30cm

Point
白い花の数は1～3個とばらつく
（複数の場合でも同時に咲くこと
は少ない）

葉は3つに分かれる
（イチリンソウはさらに細裂する）

——サンリンソウ——
ニリンソウとそっくりで、花の数は2～3個。全体がうぶ毛に覆われており、葉っぱの裏を見て少し長めの産毛が密集していたら本種

暮らしぶり
陽あたりのよい林床に小さな
コロニーをつくる。郊外の観
光地で栽培されることも多い

熟練を要す
熟練者ほど開花よりツボミの姿を
愛する。下段はこの時期の葉姿。
猛毒草トリカブトとそっくり

「婿だまし」の伝説

～フキ～

　アイヌ民話にでてくる妖精コロボックル。その名を翻訳すると「フキの下にいる人」。フキは神性が宿るほど、生活に欠かせない恵みであったことがうかがえる。

　日本原産の**フキ**は、なんといっても早春にでてくる**フキノトウ**がすばらしい。細かく刻み、甘口の味噌と和えてフキミソに。友人と、箸の先でなめつつ、辛口の日本酒をかたむける。ホカホカの白いご飯に乗せても美味なる春を満喫できる──。

　寒風が吹き抜け、霜柱で凍える3月中旬、清流の近く、陽あたりのよい斜面にポコポコと顔をだす。大きくつぼんだものを見つけたら、指を地面に刺し込んで、軽くひねる。ぽこっという感触が走り、指先からも春の歓びが伝わってくる。

　庭先でも栽培できる。イメージにある里山の清流とは無関係なようで、荒地などにも平気で顔をだす。根茎の一部を掘り起こし、庭先に植えると、土壌があえば元気に殖えてゆく。カロチン、ビタミンB・C、カルシウムなどが含まれ、解熱効果や健胃効果のほか、虫刺されには生葉をもんでつけられたという。

　さて、フキノトウをほうっておくと、黄色い花をポコポコと咲かせる。株には**雌雄があり**、花が白っぽいメス株だけがニョッキリと立ちあがり、ふんわりとした綿毛をたくわえる。これが春風に舞い、閑静な里山にのんびりと旅してゆくのである。

　やがて伸びてくる葉柄も、キャラブキなど保存食になる。ところが里山には「婿（むこ）だまし」と呼ばれる**オタカラコウ**が生えており、よそからきた婿が得意満面、てんこ盛りでしょってきた。このフキは、食えない。たちまち村中の笑いものになり、ついには全国に広がった。伝説のお仲間にならぬよう、注意されたし。

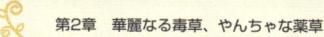

第2章 華麗なる毒草、やんちゃな薬草

キク科
COMPOSITAE

フキ

Petasites japonicus

環境　庭、畑、丘陵地など
花期　3〜4月
背丈　(花期) 10〜30cmほど、
　　　(花後) 50cmほど

Point
花が終わると丸い葉が伸びてくる
(似たものが多いので誤食に注意)

——アキタブキ——
本種の変種で2メートルにもなる大型種。栽培されている多くはこちらの栽培品種

収穫期
いちど根っこを下ろせば荒地や道端でも育つ。春の味覚は2月下旬から3月まで。開花前が美味であるが、開花したものを好んで収穫する人もいる

巨大フキノトウ　アキタブキ *Petasites japonicus* var. *giganteus*

山野でも多く自生している。フキノトウのころから通常のフキの3〜5倍もある。この巨大フキノトウも食用にされる

食い物の、恨み百まで
～オランダガラシ～

　記憶、あるいは知識というものは、五感と無縁ではいられない。
　ピリッとした風味と、シャキシャキとした食感は、ニンニクと脂がのったステーキとの相性抜群。都内の某レストランでは、悲しいほどしなびたそれと対面し、「こんなものをどこからか買って、私に売りつけるのか」と地団駄を踏んだものである。
　クレソンという名でおなじみのオランダガラシは、その昔、澄んだ水辺に生えるものと聞いていた。なんのことはない、そこらの用水路でもっさりと茂っている。
　4月から5月にかけて、サラサラと流れる小川のふちで、小さな白花を星くずのようにちりばめ、小さな虫たちを誘っている。ステーキにのっていた、黄ばんで、しなびて、屍となった葉をしているそれとはまるで別物。濃い緑色をした、歯ごたえのある茎に、風味たっぷりの葉っぱを大きく広げる。ミネラル（カリウム、カルシウム）やビタミンA・Cが含まれ、一般に「肉の消化を助ける」とされるが、ふつうの摂取量では期待できない。とはいえ、カラシ油配糖体が豊富なため、多く食べると胃の粘膜を壊してしまうことがわかっている。ちょいとひと口、風味を楽しむ。
　さて、昼食に1480円を払えることは、めったにない。相当な覚悟で注文しているのだ。そこにきて、死後1週間は経過したという黄ばんだクレソン。この死体遺棄の幇助のため、私は金銭を払わねばならない。「そこの用水路で採ってこい」と叫びたかった。
　それからというもの、「これは某レストランで1480円のステーキを頼まないとでてこない植物でありまして……」などと解説している。やっかいな植物や野菜の名前は、この手でずいぶんと覚えた。
　どうしても値段といっしょにでてくるところが──いやらしい。

第2章　華麗なる毒草、やんちゃな薬草

アブラナ科
CRUCIFERAE

オランダガラシ
（クレソン）

Nasturtium officinale

環境　小川や用水路などの水辺
花期　4〜6月
背丈　30〜50cm

Point

小さくて白い十字花を房状に咲かせる

小葉は先が細くなる卵型。先端は丸みを帯びる

──小葉（しょうよう）──
本種の葉はひと枝に3〜11個ほどついているが、すべて「1枚の葉」が分かれたもの。全体を複葉、ひとつひとつを小葉と呼ぶ

暮らしぶり

「清流に生える」と聞くが、彼らはあまり好みにうるさくない。宅地の用水路から小川のせせらぎに大群落をこさえる

収穫期

大正ロマン的な花が咲く前の茎葉を収穫、サラダやつけ合せに。問題は「その採取場所がキレイかどうか」

逃亡するアキレウスの傷薬
〜セイヨウノコギリソウ〜

　わざわざお金をだして買ったものが、道端や雑木林に生えている。「ああ！」と叫ぶのは貧乏性な私だけだとしても、園芸店にはそんなものがいくつもある。決まってそこそこ人気がある。

　セイヨウノコギリソウは、英名をヤロウといって、アラビアやヨーロッパ圏では古代よりすぐれた傷薬として活躍してきた。いまでもハーブガーデンや薬草園には、かならずあるという定番のハーブ。羽毛を思わせる、繊細な葉をよく茂らせ、初夏になると、小さな花をテーブル状に密集して咲かせる。このちょっと変わった花のテーブルは、一株だけでいくつも並ばせるため、涼やかな姿も手伝って、デザイン面でも重宝する。品種改良も重ねられ、赤、黄、白、ピンクなど、彩りも華やか。

　ホームセンターのハーブコーナーに行けば、隅のほうで売られている。とかく威勢がよく、やせた土地であっても元気に育つ。鉢植えでなく、陽あたりのよい地面にでも植えれば、それこそ買うのがばからしくなるほどおおいつくす。じゃまになって刈り取っても、そのまま地面にすき込むか、堆肥のなかに放りこむとよい。「荷台ひとつにヤロウをひと枝」——自然肥料の熟成を助けてくれるのだと古来より伝えられている。捨てるところがまるでないエコロジー薬草の代表選手。

　それが野草化した。もち前の生命力でもって、庭先から道端、ついには荒地や土手などに進出し、出版業界においても、ハーブ図鑑を逃げだして野草図鑑にまで顔をだす。見つけたら、根っこを5cmほど失敬すれば、たいていは根づいてしまう。ただし、誰かが管理しているところで採取するのはいただけない。

　さすがのヤロウも、名誉の傷だけは癒せない。

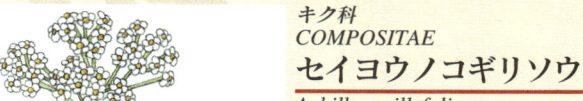

第2章 華麗なる毒草、やんちゃな薬草

キク科
COMPOSITAE
セイヨウノコギリソウ
Achillea millefolium

環境　山地や平野部の草地など
花期　6〜9月
背丈　30〜120cm

Point
白い小花がテーブル状に咲く

ほそ長い葉はノコギリ歯みたいに細かく切れ込む

──別名ヤロウ（ヤローとも表記）──
園芸店や庭園ではおなじみのハーブ。赤、ピンク、イエロー、パールホワイトなど花色も多彩で美しい

暮らしぶり
その根性はすさまじく、踏まれても枯れても次々と新芽をだしてはもっさりと茂る

花
野菜や果物の受粉をになうハチ、アブなどにも大人気。畑の小さな食卓として大活躍。色彩・葉姿もいろいろ

ヤブ医者を地獄送り
〜ジゴクノカマノフタ〜

　HERB（ハーブ）というと洒落た感じがするが、あえて和風ハーブといってもなんだか味噌臭い。それでは民間薬ではどうかといえば、昭和のすすけた臭いがするとかいわれかねない。この点、ジゴクノカマノフタは威厳高々、なにしろ名前が江戸文学的。

　春先になると、陽がさす林床や田畑のすみっこで、愛嬌のない、ごわついた葉っぱを茂らせる。けれども蕾がひょいと顔をだせば、高貴な濃紫の花を飾り立てる。貴族というより、王宮に住まうガンコな典医という風貌は、その実力をいかんなく表している。タンニン、フェノール物質、フラボノイド配糖体などを含み、傷薬、胃腸薬、風邪薬など、たいていの初期状態なら治してしまったという。地獄の釜に蓋をして、病人をこの世に戻すのでこの名がついたが、一方で、別の者が地獄に落ちることはあまり知られていない。もうひとつの名を医者殺しといって、この薬草のせいで食えなくなったヤブ医者には、地獄の釜が開いた──。けれどもたいていの医者は悪賢いと相場が決まっていて、これを適当に調剤して売りつけ、暴利を貪ったことであろう。するとやはり地獄の釜が開くのであろうから、結果オーライ。

　最近ではアジュガという、舌をかみそうな名で売られていて、女性やガーデナーにはこちらの名で知られる。葉色や花色がバラエティーに富んでおり、和風の釜の蓋にはないヨーロピアンな雰囲気も楽しめる。値段も安いし育てやすい。こちらはヨーロッパから輸入されたもので、まさしくHERBである。

　街中で見かけるのはおもにHERBのほうで、本家本元の釜の蓋はといえば、雑木林や森の奥で、それはひそやかに、働き者のミツバチたちに滋養強壮を与えている。

第2章 華麗なる毒草、やんちゃな薬草

シソ科
LABIATAE

キランソウ
（ジゴクノカマノフタ）

Ajuga decumbens

環境　庭先、道端、林内など
花期　3〜5月
背丈　5〜10cm

Point
道端にへばりつくように生える

茎は丸く、縮れたうぶ毛がおおう

──茎が丸い──
本種が属するシソ科の仲間は「茎が角ばる」ものが大半で、本種のように丸いのは少ない

花
高潔な色彩とシンメトリックな造形が見事。野生的な薬草のイメージにぴったり

近縁種　ジュウニヒトエ
Ajuga nipponensis

こちらは花色が淡いピンクで幾重にも重なる。可憐な姿が女官の十二単に見立てられた

日本の雑草はヨーロッパの人気者
〜ドクダミ〜

　毒消しに解熱、動脈硬化予防に水虫対策——十種の薬効があるため「十薬(じゅうやく)」とも呼ばれるが、少なくともその倍の効能が認められ、しばしば流行を起こすことがある。

　ドクダミといえば、どの書物も薬効を書くのでいささか食傷気味である。ここでは簡便にすませ、ドクダミのバラエティーについてご案内したい。

　ドクダミの悪臭は、ヘクソカズラに次ぐほどモーレツ。素手で引っこ抜いたりすると、洗っても落ちない。その臭気には、デカノイルアセトアルデヒドという成分が含まれ、白癬菌(はくせんきん)やブドウ球菌まで目を回すそうである。不思議なことに、乾燥させると消えるため、ドクダミ茶は農産物売り場でいまも売られている。晩春(5月ごろ)から花が咲き、このころが収穫期。栽培は教えるのが恥ずかしいほど簡単で、根っこの一部を土に埋める。家の北面のガレキの下でもいい。勝手にもりもりと増殖するし、いやになって全滅させても、忘れたころに倍増する——それこそ白癬菌のよう。連中は自由自在に這い回る。どれほど掘り返し、根っこを抜いても、駆逐するなど夢また夢。ガーデナーの天敵である。

　日本では大迷惑であるが、ヨーロッパでは人気のハーブ。同じガーデナーから見て自殺行為としか思えぬ所業であるが、園芸種を見て息をのんだ。特に八重咲きのドクダミ、斑入りのドクダミなどは華麗で絶品。和風・洋風問わずなじむ。固定観念をすっかりひっくり返された気分であった。

　ハーブを育てたいけれどめんどうはイヤ——そんな人にはドクダミがよろしい。ふつうに育てて見事にこれを枯らしたのなら、そのテクニックを、ぜひともご伝授願いたい。

第2章 華麗なる毒草、やんちゃな薬草

ドクダミ科
SAURURACEAE

ドクダミ

Houttuynia cordata

環境　庭先、畑、道端など
花期　6〜7月
背丈　15〜30cm

Point
花穂がデベソのように突きだす
（花弁にみえるものは総苞片という）

葉は互い違いに生え、先が尖る

――総苞片――
白い花弁に見えるものは総苞といって蕾を包んでいた「葉っぱの一形態」

暮らしぶり

人の住むところについてまわり繁栄する。
彼らを追いだす術はいまのところ、ない

園芸改良種

上：ひときわ可憐な八重咲き品種
下：オリエンタルな色彩の「カメレオン」

59

草の王様と高価な勲章の話
～クサノオウ～

　それはしめやかに、桜の花弁がはらりと舞う、春の陽だまり。草地や野辺の道端が、レモン色のお花畑となる。キジムシロであり、あるいはヘビイチゴのたぐいが多いなか、ふわりと茂り、豪勢なほど花を咲かせているのがクサノオウである。

　見分けるのはいたって簡単。花の中心から、筒状の花柱がにょっきりと突きだしている。葉っぱも特徴的で、赤ちゃんの手みたいな切れこみがあり、銀色のうぶ毛におおわれて美しい。春の野辺にふさわしい、美しくもやわらかな姿であるが、性格はなかなか豪胆。例のごとく、一度生えると始末に負えない。

　ハルゼミが歌う5月ともなれば、その姿は一変。立ち枯れた姿はひどくみすぼらしく、なんとしても始末したい衝動にかられる。株元からバッサリとやれば、名前の由来が顔をだす。切り口に、赤味のある黄色い汁がドロリと湧いて、どうにも薄気味が悪い。ケリドニンなど毒性が強いアルカロイドを含み、鎮痛剤や腫れ物の治療薬として活躍した時代もあった。そこで「草の黄（おう）」、「瘡の王（くさ）」になったと諸説ある。

　さて、立ち枯れたらそれで終わりとなるか？　この王は、たやすく王座を明け渡すことなどしない。地盤をしっかりと握っているため、少しでも根が残っていれば復活する。あげく、この王は若返る。しばしの休息を満喫したら、晩夏に息を吹き返し、華やかに返り咲く。この性格、植物だから許されるものの、除草のときは注意が必要である。汁が皮膚につくと、かぶれることがあるのだ。私はだいじょうぶであったが、衣服は血糊（ちのり）みたいなシミがつき、洗っても落ちない。この勲章は、もらうとあとで高くつく。

第2章 華麗なる毒草、やんちゃな薬草

ケシ科
PAPAVERACEAE

クサノオウ

Chelidonium majus
var. *asiaticum*

環境　畑、田んぼ、道端、草地
花期　4〜9月
背丈　30〜100cm

Point
黄色い花から太い雌しべが突きでる

葉のふちが丸みをおびている

全草（葉茎）には白い毛が多い。
全体的に白っぽく見えることも

──子づくりは苦手？──
タネをごまんとつくるわりに、多くが成熟できず発芽しない。人間にとってはありがたい話である。けれど植物生理的には奇妙な話である

🌼 暮らしぶり
ほかの雑草を押しのけて仲間たちで茂みをこさえる。初夏に枯れても秋に復活

🌼 瘡（くさ）の王
茎を手折ると赤みを帯びた黄色い乳液がでる。かつて皮膚病の薬や鎮痛薬ともされたが有毒

それは食えるか食えないか
〜ヘビイチゴ〜

　イチゴと名がつくものはたいがい食べられる。けれども**ヘビイチゴ**だけは老若男女を問わず、手をつけない。毒はないがうまくもない——こうした思い込みは、実にありがたい。

　イチゴでおなじみの、ギザギザした葉っぱを3〜5枚ほどもち、地面にでんと腰をすえ、明るい黄色をした花をポンポンと咲かせる。晩春には、ぷちぷちした粒のある真っ赤なイチゴを実らせて、遅れて咲く黄色い花との愛らしい競演を見せてくれる。なんとも可憐な雑草であるが、しゃがんでよく見ると、なんだか様子が違うものが混ざっている。よく似た「違う種族」が多く、入門者の悩みのタネとなっている。例を挙げると、赤い果実に光沢があれば**ヤブヘビイチゴ**。ただのヘビイチゴは果皮に細かい皺があり、テカらないので区別する。どちらもまずい。

　さて、自然世界に目が慣れてくれば、楽しみも倍増である。**シロバナヘビイチゴ**は、山歩きをしているとしばしばお目にかかる。山屋にいわせると、これがひときわおいしいらしい。知る人だけの楽しみだそうだ。私の大好物は**エゾノヘビイチゴ**というもので、家でわんさかと殖やしては、5月に嬉々としてむさぼっている。英名をワイルドストロベリーといい、熟したグレープのような清涼なる風味がある。驚いたのは、ハーブ園で売られている白い実がなるエゾノヘビイチゴ。どうにもまずそうなのだが、知人のガーデナーの庭園で試したところ、風味絶佳であった。いくらでも殖えるため、庭先はフルーツバイキングとなる。標識を「エゾノヘビイチゴ」にしたり、シロバナヘビイチゴを見つけても「これはヘビイチゴの仲間だよ」といえば、誰も手をつけない。思い込み万歳。

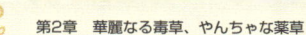

バラ科
ROSACEAE

ヘビイチゴ

Duchesnea chrysantha

環境　庭、畑、道端など
花期　4〜6月
背丈　10cmほど

:P: Point

ヘビイチゴの果実にはしわがある
（よく似たヤブヘビイチゴは光沢
がある）

葉っぱが3枚
（よく似たキジムシロ属は5枚）

―――識別が難しい？―――
この種はきわめて似ているものが多
く、花と葉だけでは識別不能。まず上
記2点で大別できれば覚えやすくなる

ヘビイチゴ

ヤブヘビイチゴ

花

茎は地面を這い回って気に入った場
所に根をおろす。いくらでも殖える
というわけ。レモン色の花と紅玉の
果実が織り交ざる姿は絶品。抱きし
めたくなるほど愛らしい

近縁種　ヤブヘビイチゴ *Duchesnea indica*

ヤブなどに多く全体的に大
柄。果実をよく見れば光沢
があるので、そこで区別する

草むらの小さなランナー
〜カキドオシ〜

　そこのけそこのけと、カキドオシはひっそりと仕事にはげむ。まるで走ることが生きがいの短距離ランナー。

　4月になると、陽があたる道端やあぜ道では、小さな雑草たちが競うように花を咲かせ、ハチやハナアブたちをテーブルに招待している。カキドオシは、ちょっと様子が違う。ひょいと背伸びをし、まわりをうかがってから、ワンテンポ遅れて、やや平べったいヒラメ顔の花をぽんぽんと咲かせる。

　カキドオシの本領は、花が終わったあとにある。それは堰をきったように、茎をぐんぐんと伸ばし、岩があればよじ登り、ほかの雑草があってもそしらぬ顔でのしかかり、家の垣根をすり抜ける。ちょっと変わった名前はこの性格に由来する。

　やんちゃな暮らしぶりが、現代医学を惹きつけたことがある。いまから40年前──1968年。富山大学薬学部の吉崎氏らが、血糖値の降下作用が特異的に高い値を示し、副作用もなかったことを発表する。その後、さまざまな書物で紹介されたが、いまはどうであるのか、寡聞にして知らない。

　薬効はさておき、散歩の途上ではよだれかけみたいな葉っぱを楽しみたい。ある書物によると、指先でやさしくもめば、涼しげで上品な芳香が立ち上がる、とあった。

　いざ試してみたところ、ううむといった青臭さしかなかった。時期が悪かったのかもしれない。

　田んぼでは、ザリガニやドジョウと格闘する子どもたちの嬌声があがる。これに耳を傾け、ぼんやりと春の陽光を楽しむ。

　効能の真偽や指先に残された青臭さ、大人の雑事もどこ吹く風。

　次の春、ふたたび葉の香りを試す日が、いまから待ち遠しい。

第2章　華麗なる毒草、やんちゃな薬草

シソ科
LABIATAE
カキドオシ

Glechoma hederacea var. *grandis*

環境　田んぼ、草地、道端など
花期　4〜5月
背丈　5〜20cm

Point
全体的に平べったく下唇（花弁の下部）の切れ込みが浅い

全草は地面を這うように広がる

——よい香りがする？——
葉や茎はチドメグサ類に似るが、もむとよい香りがするという。試したが「微妙な感じ」であった

暮らしぶり
移動が好きでどんどん伸びては子株をつくる。障害物があったら意地でも乗り越えてゆく

花と葉
よだれかけみたいな葉姿も愛される。園芸的にも人気があり、下の写真は斑入りの品種。庭先でよく見かける

毒を吐く建築アーティスト
〜ナツトウダイ〜

「夏」といいながら、花が咲くのは春である。

やや日の陰った雑木林の一角に、まるで計算されたようなシンメトリックな円塔が、ひとつでなく、ズラリと立ち並ぶ。アントニオ・ガウディーを彷彿とさせる、特異な雰囲気をかもしだしてくれる雑草である。

ナツトウダイが属するトウダイグサ科は、とかく珍種が多い。世界中に分布しており、アフリカや南米の連中は、どれも同種だとは思えないほどハチャメチャな姿をしていて、これだけをせっせと集めているマニアもいる（それは壮絶である）。

日本のそれは、建築物のように均整がとれているものが多く、散歩の途中で出逢うと思わず目を奪われる。生命の多様性も、ここまでくると立派な建築工芸に達したといえるであろう。

トウダイとは、部屋の灯りとなる燈台をいい、杯型した花序に由来する。一見すると地味ではあるけれど、よくよく観察してみれば、どれも職人技のような美しい造作となっているので、「ちょっと、あなた。知らなかったでしょう、そうでしょうとも。ほら、のぞいてごらんなさい。ねえ、美しいでしょう。それはね……」と、押しつけがましくも、自己満足感のあるガイドが楽しめる。ナツトウダイは、仲間の中でも真っ先に咲くため、予習に最適。

道端の雑草ながら、フォーマルな庭園に飾っても映える、洗練された美術品。なにしろ有名な庭園では、この仲間たちがユーフォルビア（学名）として盛んに植えられているのである。

一輪挿しによさそうだとして、気軽に手折るべきではない。傷口からにじむ乳液は有毒。

なにしろかぶれることで有名なノウルシも、実はこの仲間である。

トウダイグサ科
EUPHORBIACEAE

ナツトウダイ

Euphorbia sieboldiana

環境　丘陵、山地など
花期　4〜5月
背丈　20〜40cm

:P:oint
花の下にクワガタ虫の頭が並ぶのが特徴

タマゴ型した葉が重なり合い、そこから茎が伸び、分岐してゆく（茎と葉はしばしば赤紫色を帯びることがある）

――有毒成分：ユーフォルビン――
特に*Euphorbia*の仲間がもつ有毒アルカロイド。傷をつけると白い乳液がでるが、皮膚につくと炎症を起こす恐れがある。要注意

暮らしぶり
丘陵や山道の道端にズラリと並ぶ。真っ先に高く伸びるため、とても目立つ

花
花のおもしろさは、注意深くのぞき込んだ人だけにわかる。太った子房がコロリと転がる様子もほほえましい

お庭の星の王子さま
〜ハコベ〜

　英名をチックウィード（Chickweed）といい、ニワトリの雑草、ニワトリのごちそうと訳される。日本の俗称にもヒヨコグサとあり、とかく鳥たちの好物としてエサに混ぜられている。

　ハコベはどこにでも顔をだし、難題をふっかけてくるため、じゃまものとして始末される。道端や空き地では、辺り一面、すっかりおおってしまうこともあるが、その実、目くじらを立てるほどでもない。個人的にひどく気に入っているため、この星の王子さまには好きなようにやらせている。

　けれども繁殖力は折り紙つき。学名の*Stellaria*は「星型の」という意味があり、花の下にある萼片（がくへん）が、キレイな星型をしている。どことなく気恥ずかしそうに、あるいは物思いにふけるかのように、小さな花をちょんちょんと咲かす。その数はとてつもなく、それはだらだらと、冬の間も咲き続ける。おのずとタネもすごい数となるが、発芽率もかなり高い。小さいくせに仕事は一流――生存競争が熾烈な荒地であっても、抜かりなく繁栄してみせる。

　王子の実力は、古くから注目を集めた。七草粥に入れられるのは、ビタミンB・C、カリウム、カルシウムなどのミネラルが豊富で、カゼの予防に最適であるから。あるいは催乳（さいにゅう）作用があるとして、農村では産後の婦人によく用いられたという。アメリカでは肌をやわらかくなめらかにするというので、クリームや化粧水に。このほか、解熱、止血、腰痛と神経痛の緩和、冷え性の改善など、頼りがいのあるハーブとしての顔をもつ。

　問題もある。平凡なものほど識別が難しい。たいていの場合、似た連中と棲んでいて、識別は熟練を要する。長いときをかけ、ともに語り合わねば、星の王子の心は見つからない。

第2章 華麗なる毒草、やんちゃな薬草

ナデシコ科
CARYOPHYLLACEAE

ハコベ(ミドリハコベ)

Stellaria neglecta

環境　庭先、道端などいたるところ
花期　3〜10月
背丈　10〜30cm

Point
花柱の先が三裂している

10枚に見える花弁は5枚が二裂している
(ハコベの仲間の特徴)

茎の色が明るい緑色

——コハコベ——
ハコベと非常によく似ているが小型のもの。茎が赤紫色を帯びるのでわかりやすい

花
小さいながらも端正で清純な美しい花を咲かす。この仲間たちはいずれも野辺の名花である

近縁種
上段／ウシハコベ　*Stellaria aquatica*
大型種。中心の白い花柱の先が五裂
下段／コハコベ　*Stellaria media*
どこにでも潜り込むわんぱく雑草

幸せいっぱい夢いっぱい
〜カタバミ〜

　南ヨーロッパでは、復活祭のときに咲くので「ハレルヤ！」という。日本では年がら年中咲いているので、ガーデナーにとっては「ジーザス！」といった嘆きに変わる。人間の生活圏を見つけると、嬉々として駆けつけてくる生命体である。

　園芸店にゆくと、オキザリスという名でかわいい品種がいくつも売られている。きわめて育てやすく、花つきもよい。なにしろ原種はカタバミたち。**オキザリス**（*Oxalis*）は**カタバミ**たちの学名で「すっぱい」という意。シュウ酸が豊富なため、かむとすっぱい。その葉で10円玉を磨くと、新品みたいに輝くようになる。

　カタバミが咲けない場所を、私は知らない。ほんのわずかな土さえあれば、屋根、雨どい、配水管の出口、フェンスのくぼみで花を咲かす。このアクロバットができるのは、おもに2種類。

　ただカタバミといえば、緑の丸い葉をもち、金色のラッパみたいな可憐な花を咲かす。別名をチドメグサといい、道端の止血薬として重宝されたようで、日本だけでも200以上の別名をもつ。

　アカカタバミは、葉が赤紫をして小さな品種であるが、信じられぬことに猛烈な乾燥と直射日光をひどく好む。この2種は、春夏秋冬、踏まれようが轢かれようが、いつもどこかで咲いている。

　カタバミの花は、陽光に美しく輝き、陽がかげってくるとパッタリと閉じて眠りにつく（**就眠運動**）。大切な花粉を雨や夜露から守るためともいわれるが、どんな夢を見ているのやら。この知恵のおかげで、抜いてもキリなし。片っ端から引っこ抜き、少しは減るかと思いきや、畳の埃みたいに、叩くほどにでるわでるわ。カタバミたちはハレルヤと歌い、私は見はてぬ仕事と腰の痛みに嘆く。

第2章 華麗なる毒草、やんちゃな薬草

カタバミ科
OXALIDACEAE
カタバミ

Oxalis corniculata

環境　庭、畑、道端など
花期　5〜8月
背丈　5〜10cm

Point
花は明るいレモン色

三裂するハート型の葉は緑色

——寝るの大好き——
曇りの日や夕方になると花だけでなく葉も閉じてしまう。見るからに「店じまい」

暮らしぶり
土さえあればどこにでも生えるびっくり植物。屋根や雨どいでも花を咲かせる

近縁種　アカカタバミ
Oxalis corniculata f. rubrifolia

灼熱と過酷な乾燥に適応した種族。これでタネつきもいいのだから園芸家が放っておくはずもない。さまざまに改良されている

わんさか殖えるよ、ちびローズ
〜ムラサキカタバミ〜

　里山や住宅地にゆくと、別のカタバミたちと出逢うことがある。まるで誰かに栽培されているかのように、それは大きな顔して茂っては、大きめのピンクの花をこれでもかと咲かせている。

　カタバミの仲間は、園芸的にもおもしろい品種で、昔から大切にされてきた。なかでも大株に育ち、花の数が飛び抜けて多い**ムラサキカタバミ**は、いまでこそ手に負えない迷惑者でしかないけれど、その昔、オキザリス・ローズと呼ばれ、わざわざ南米大陸から観賞用に輸入されたもの。前項のカタバミたちと違い、あれだけ花を咲かせても、日本ではタネをこさえることがない。鱗茎（りんけい）という、根のかたまりが分裂して殖えるため、放っておくとコロニーが地面をおおいつくす。これをトラクターなどで蹂躙（じゅうりん）したらどうなるか。気持ちがいいのはつかの間、コマ切れにされた根っこが5倍10倍となって新芽をだす（かなり控え目な数字である）。

　そっくりなものに**イモカタバミ**がある。花の中心部分を見て、白く抜けているのをムラサキカタバミ、濃いピンクになるものがイモカタバミ。植物を愛する人々は、花や葉っぱを楽しむけれど、地面の下もおもしろい。試しにイモカタバミを引っこ抜くと、ぷっくりと太ったサトイモみたいな根っこがでてくる。ムラサキカタバミの場合は、塊根（かいこん）をよく見ると、小さな鱗（うろこ）のようなものが身を寄せ合っており、「なるほど、これをコマ切れにしたら自殺行為であるな」と納得できる。

　カタバミ類は、見つけ次第、引っこ抜く。私を欺（あざむ）き、見事に花を咲かせたものは、敬意を込めて観賞する。神経と椎間板をすり減らすより、うまくつき合ったほうがよいと悟ったのである。

第2章 華麗なる毒草、やんちゃな薬草

カタバミ科
OXALIDACEAE
ムラサキカタバミ

Oxalis corymbosa

環境　庭、畑、道端など
花期　5〜7月
背丈　20〜30cm

Point
花はやわらかいピンク色
中心部が白く抜けているのが特徴

三裂するハート型の葉が大きい

――由来――
園芸用に輸入されたものが野生化した。日本では結実せず地下茎で殖える

近縁種　イモカタバミ *Oxalis rubra*
花は中心に向かって色が濃くなるのが特徴。引っこ抜くとイモみたいな塊根があっておもしろい

暮らしぶり
お団子状にこんもりと茂る姿も特徴的。花つきも抜群で、めんどうをみなくとも元気よく次々と開花する。だから愛され繁栄した

遊女と一茶、江戸の夜はかく更けゆきて
〜ナルコユリ〜

「ほどほどに」というのは簡単であるが、できたためしがない。

春は長雨が続き、ほどほどどころかウンザリさせられる。これを菜種梅雨という。やりたいことができず、やきもきするが、ひと雨ごとに世界は大きな変化を遂げてゆく。これをよろこぶかのように、道端に小さなボンボリが下がる。クリーム色とライムに彩られたやわらかな風情。そよ風にコロコロと揺れる姿は愛嬌たっぷり。生命の季節を祝うお祭り気分にさせられる。

ナルコユリは、その昔、遊女たちと切っても切れない仲にあったという。遊郭に住まう人々は、浮き世の憂さを晴らしにきたものに、ほどほどではなく、身ぐるみはぐほど愉快な祭りを贈らねばならない。これが毎日続くのだから、たいそうな仕事である。スタミナをつけるべく、さまざまな工夫がなされたが、ひときわ人気を博したものに黄精がある。

黄精は、ナルコユリの根茎を乾燥させ、アルコールなどに漬けて服用される民間薬の名である。江戸後期になると、民衆文化が高まり、遊郭もいっそう華やぎを増した。ちょうどそのころ、砂糖漬けにされたものが売りにだされたとたん、遊女たちが競うように買い求めたという。強壮効果が高いことが注目されたのだ。

それほどの効果、本当にあるのであろうか？

小林一茶は、『七番日記』にて愛用していたことを書き残している。52歳から65歳で没するまで、3人の妻を迎え、5人の子を残した。黄精の効能というより、もともと旺盛だったに違いなく、そのうえ黄精をバリバリと食わなければ、もうちょっと名句を詠めたかもしれない。凡人の戯れ言かもしれぬが、同じ男として、ちょっとうらやましい。ナルコユリを見る目は確かに変わった。

ユリ科
LILIACEAE

ナルコユリ

Polygonatum falcatum

環境　丘陵や山地、畑など
花期　5〜6月
背丈　50cm

Point

筒状の花は1〜5個ほどとにぎやか（よく似ている「アマドコロ」は1〜2個）

茎が丸い（本種の特徴）

葉はこの仲間のうちでもっとも細い

——ミヤマナルコユリ——
ナルコユリとよく似て花数も多め。茎を触ったとき角ばっているならミヤマナルコユリ（葉の裏面は白っぽい粉がふいている）

🍁 暮らしぶり

ドロップみたいに甘そうな花が風に揺れる。夏を告げる祭囃子でも聞こえてきそうな情感を漂わせる

🍁 改良品種

ナルコユリはヨーロッパのガーデナーたちにも人気が高い。特に斑入り品種は格別の雰囲気をもつため好まれる

愛の花園はカビとともにありぬ
〜クサフジ〜

　雑草のなかでも、それは見事なお花畑をつくるものに**クサフジ**がある。5月から6月の最盛期ともなれば、思わず口の中に甘いグレープ味が広がってくる。

　陽あたりのよい休耕田や草むらに、それこそもりもりと生える。やわらかな、小さなタマゴ型した葉っぱの茂みとなるが、その茎の先っぽに、売れないマジシャンみたいな巻きヒゲをもつ。これがところかまわず巻きついて、縦に伸びたり横を這ったりと、急げや急げと歌うように成長する。

　どれほど陽の光をひとり占めできたかは、その花を見ればよい。弱々しい風情のわりに、これでもかと、贅をつくした花穂をポンポンと咲かせてゆく。この時期、これほどやたらに花をつける雑草を、私は知らない。なにしろ盛りがすぎても、しばらく休むと返り咲く。二度目の花も驚くほど派手につける。「植物にとって、開花というのは、きわめて厳しい、大変な仕事でありまして」といった話をする私に、大いに恥をかかせてくれている。ほかの雑草ではこうはいかぬため、いつも不思議に思っていたが、調べてみたら、なんと白いカビが顔をだした。

　クサフジの根には、アツギケカビの一種、通称**VA菌**が棲んでいた。連中は、根っこの内部に潜り込み、糖分などをもらう代わりに、貧しい土壌から水分と養分を探して供給する。注目すべきは、花づくりに不可欠なリンの回収が得意なこと。つまりクサフジの大宴会はVA菌が支えており、VA菌もまたクサフジを愛してやまず、踊るようにわんさか集まってくることが知られている。

　いくらでも茂るため、やっかいな雑草ともなるが、葉茎には甘みがあり、塩茹でして、バターで炒めて食べるとおいしいという。

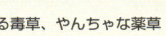

第2章 華麗なる毒草、やんちゃな薬草

マメ科
LEGUMINOSAE

クサフジ

Vicia cracca

環境　畑、草地、林縁など
花期　5〜9月
背丈　ツル性

Point

ピンクがかった紫の花を鈴なりに

小葉の数は18〜24枚と多め

──ツルフジバカマ──
よく似ているが花期が夏の終わりから秋にかけてと遅く、小葉も10〜16枚と少なめである

暮らしぶり

肥沃な畑から国道の中央分離帯まで一面を覆うほど繁茂する。2〜3cmの小花をあきれるほど豪華に飾る

花

グレープ色したブーケの中で、ごくたまに清楚な淡いピンクの花が咲く。こうした出逢いは小躍りするほどうれしい

おいしい栄養吸引機
〜スベリヒユ〜

　うまい雑草といえば、これが真っ先に浮かぶ。特に灼熱の真夏、食欲が落ちたときは、これを湯がいてツルっとやる。みずみずしいぬめりがあって食べやすい。食用にするのは全国的な習慣であるため、しばしば「野菜」として扱われることもある。

　スベリヒユの棲み家は、貧相なコンクリートの割れ目から、肥沃な畑地まで──「あなたには分別がないのか？」といいたくなるような場所で暮らす。タマゴ型した葉っぱは肉厚であり、雑草で多肉というのは少ないため、すぐに覚えられる。乾燥にもよく耐え、地表が55度を超えても平然と茂るから驚かされる。

　各地で著名なだけあって、別名も変わったものが多い。古くは「仏の耳」、「酔っ払い草」といい、なかには「スペラピー」だの「スベリショー」だの、もはや原型をとどめることなく、フィーリングの勢いだけで伝わるものもある。日本語は、おもしろい。

　とかく元気な性格を支えているのは、根っこのパワーである。さながら高性能の掃除機のように、水分と栄養分を辺りかまわず回収するため、あのとおり、ぷくぷくに育つ。ミネラルなど栄養の金庫となり、里山の人々に滋養と強壮を与えてきた。

　いいことばかりではない。養分ハンターであるこれが殖えると、畑の作物がグッタリとなり、収穫量が目に見えて減ってしまうため、農家やガーデナーからは強害草として嫌われている。

　それでも初夏に咲く黄色い花はかわいらしい。園芸店で売られているポーチュラカは、本種の仲間である。

　スベリヒユは結実もおもしろい。秋になると「やあ、どうも」と帽子を取るように、ぱっくりと開いて小さな種をまくのだ。

　ひとまず、私のソラマメの隣にさえいなければ、許せる。

第2章 華麗なる毒草、やんちゃな薬草

スベリヒユ科
PORTULACACEAE

スベリヒユ

Portulaca oleracea

環境 庭、田畑、道端など
花期 7〜9月
背丈 10〜30cm

Point

黄色い花は暗くなると閉じる

肉厚の丸い葉が特徴

茎はしゃれた赤紫色

──園芸種：ポーチュラカ──
住宅地の鉢植えなどでおなじみの改良種。比べてみればスベリヒユとそっくりである

暮らしぶり

コンクリートや歩道の割れ目でもくじけずに育つ。食いしん坊のせいなのかひとり暮らしが多い

果実

9月ごろぱっくりと口を開くので楽しい。チョコ色の丸いタネがきゅっと詰まっている。これが弾け秋のうちに子どもたちが芽をだす

日陰の貴公子
〜ギボウシ〜

　古都鎌倉や京都はもとより、古い町並みには洒落た木橋が残されている。欄干の始まりのところに、決まってタマネギのようなものがでんとのせられている。これを擬宝珠（ぎぼうし）という。植物の**ギボウシ**の名は、一般に茎先につくつぼみの塊りが似ているからといわれるが、古書には葉の形が擬宝珠を思わせるから、というものもある（『四季の花事典』麓次郎著）。実際のギボウシを見たとき、どの説があなたの感覚に合うだろうか。わたしは後者である。

　大きな園芸店にゆくと、驚くほどさまざまなギボウシが並び、お値段を見て、声を失う。しかしちょっとした山林などに行けばいくらでも生えている。園芸的な華麗さはないにしても。

　湿った林床（りんしょう）にて、大きな葉っぱでバンザイをしているのは**オオバギボウシ**。梅雨の時期になると、株の中心から花茎（かけい）がすっと伸びて、小さなユリみたいな花を並べて咲かす。木漏れ日が差す美しい森で自己主張の強い雑草どもを押しのけている姿は野趣にあふれ、見る者をして幽玄な日本美の世界へと惹き込んでくれる。

　山の味覚という点でも、ウルイといって最高にうまい山野草のひとつ。春先に若葉を摘んでフキのように茎を食すと、涼やかなヌメりもあり美味であるが、注意が必要である。**バイケイソウ**という有毒種は似たような環境に育ち、葉っぱだけの時期はそっくり。そもそもバイケイソウなる存在を知る人が少ないため、「やあギボウシだ。風味絶佳であるらしい。間違いない。あんな葉っぱはギボウシに決まっていて云々（うんぬん）」といったかどうか、ともかく中毒事故があとを絶たない。バイケイソウは、人気の**ギョウジャニンニク**ともよく似ているため、やはり救急車で運ばれる人もあるという。山の宝を味わうには、石橋を叩いて渡るくらいがよい。

第2章 華麗なる毒草、やんちゃな薬草

ユリ科
LILIACEAE
オオバギボウシ

Hosta montana

環境　山野の林縁や草地など
花期　7～9月
背丈　50～100cmほど

Point

花はホワイト。わずかに赤紫を帯びることもある

長い柄からひときわ大きな葉が伸びる。流線模様が美しい。若葉の時期はヌメリがあって美味

──トウギボウシ──
日本海側に自生する。変種が多くてオオバギボウシとの識別は難しい。この2種を同一種とする考え方もあるほど

オオバギボウシ

バイケイソウ

暮らしぶり

涼やかな風が吹き抜ける日陰に棲みつく(夏の鋭い陽光に弱く、寒い霜の時期も枯れる)。タネつきは良好で、見事な群落をこさえることも

近縁種 バイケイソウ *Veratrum grandiflorum*

似たような場所に棲み、同じ時期に葉を広げる猛毒種。バイケイソウは葉脈が隆起するので判別可能。本種の花は美しい

万葉の麗人はじゃじゃ馬娘
〜ヒルガオ〜

　その昔、美しく麗しい男女のことを容人といった。ひときわ美しい植物は「容花」として愛でられたものであるが、よくご存じの朝顔も、朝に咲く、格別に美しい「かおはな」に由来する。けれども、万葉集にでてくる由緒正しき「野辺の容花」は、なんと雑草であるヒルガオのほう。

　初夏、道端の茂みは生命にあふれ、畑の野菜も花畑。どれも燦燦と降りそそぐ太陽に腕を伸ばし、大きく育つ。その隙間で、いまさらながらよいしょよいしょと這い回り、あるいは抱きつき、よじ登っているものがいる。ヒルガオの葉っぱは、海の妖精クリオネをぺちゃんこにした風あい。自由奔放に育ちながら、淡いピンクの花を絢爛豪華に咲かせてゆく。草むらや荒地にあって、この色彩と大きさは比べるものがなく、万葉の歌人を唸らせたのもよくわかる。華やかであり、かわいくもある。

　よく似たものにコヒルガオがある。ヒルガオの小型種で、葉の付け根のでっぱりが大きく、先端はヒルガオのように細くならない。確実に見分けるなら、花を支える柄の部分を見る。コヒルガオには翼という、恐竜の背びれみたいなものがついている。

　花は美しいが、庭や畑に入ってくると始末に負えない。地下茎でどんどん殖えるし、掘り起こしてもカケラが残れば復活する。

　漢方では、全草を乾燥させたものを旋花といい、疲労回復、強壮、または糖尿病に用いるそうである。ビタミン類、ミネラル、ブドウ糖も豊富であるといい、おひたしや和え物として楽しまれることも。つまり、土壌のおいしいところを全部もっていってしまうのだ。とんだ麗人で、私の天敵ですらあるのだけれど、高価で華麗な朝顔より、こちらのほうを愛してしまう。

第2章 華麗なる毒草、やんちゃな薬草

ヒルガオ科
CONVOLVULACEAE

ヒルガオ

Calystegia japonica

環境　荒地、草地、道端など
花期　6〜8月
背丈　ツル性

Point
花はピンクもしくは淡いピンク

花柄には付属物がない
（※コヒルガオにはギザギザがある）

牛の顔みたいな葉は細長い
（※コヒルガオの葉は幅が広い）

暮らしぶり
荒地や草むらなど競争が激しい場所に好んで棲みつき、ひと花咲かせるキャリアウーマン。小ぶりの花は見るほどに愛らしいが、見つけたときに抜かないと大変なことに——

近縁種　コヒルガオ *Calystegia hederacea*
同じような場所に好んで生える。花色は白に近い。花柄や葉の違いでも容易に区別できる

83

誉れも高きウドの大木
〜ウド〜

　初夏。厳しい陽射しを避け、涼しげな風を探して林縁を歩く。とぼとぼとやっているうちに、草むらからやたらと豪快に茂っているヤツと出遭う。

　ちょっとした丘陵地はもちろん、山歩きなどをしていると、道端にて居丈高にそそり立っている。誰もが、よもやスーパーで売られているウドとは思わぬらしい。陽射しをさえぎって育てるとパックに横たわる白独活となるが、真の姿はこちらの武骨な山独活として区別される。

　夏が花期であるため、深い緑に沈む雑木林を背景に、火花を散らしたようなぽんぽん型の花穂がよく目立つ。茎が太く、枝葉をよく伸ばすため、樹木の風情もあるが、あくまで草本の仲間。しかも案外ひ弱で、風が強いとポキリと逝く。

　ご存じのとおり、旬の若葉や新芽はぜいたくな自然の恵み。いさぎよい歯ざわりと、ふわりと広がる山野の香気がたまらない。特に山独活の香りのよさと強さは、白独活とは比較にならぬほど。ただしアクも強いため、天ぷらで楽しむのが気軽でよい。

　根を乾燥させたものは九眼独活と呼ばれる生薬となり、メタノール抽出液によるマウスの経口投与実験では、中枢神経に干渉して、鎮痛作用・睡眠延長作用などが認められたという。民間療法でも頭痛や神経痛の緩和、解熱やめまい止めとして活躍している。

　思えば、映画や物語りでウドの大木と揶揄されるものは、純真無垢で、最後の最後においしい役割が待っている。下草狩りでも「デカイし、じゃまだ」とのいけずはやめて、山屋のように、ひと株だけは取っておくという謙虚さがあってもいい。

第2章 華麗なる毒草、やんちゃな薬草

ウコギ科
ARALIACEAE

ウド

Aralia cordata

環境　山地や丘陵の道端など
花期　8〜9月
背丈　100〜200cm

:P:oint

球状の花穂を祭り飾りのように咲かす

ひと枝に5〜7枚の葉をつける。葉面に毛が生えるため白っぽく見える

――不思議な数性――
ウドの花弁は5枚で雄しべは5本、花柱も5本。これを5数性といい、ヤマユリの花は3にこだわる3数性。植物ごとに調べるとおもしろい

暮らしぶり

明るい斜面から半日陰の林縁などでおおいに茂る。人気の山菜であることから乱獲される。各地で急速に減っているといわれるようになってしまった

花

遠くからでもよく目立つ。白に見えるがほんのりとライム色が差して美麗。まったくの余談であるが、英名も「udo（うど）」という

急いては事を仕損じる
～ヤブカラシ～

　フィールドワークをしていると、奇妙なことに気がつく。東京23区内でも無尽蔵に茂って見せる**ヤブカラシ**は、意外なことに、荒地や雑木林では肩身を狭そうにしている。それが人里の近くになると、俄然、やりたい放題となるのだ。

　晩春、土の中から顔をだしたヤブカラシは、いまだ小さくひょろりとした茎に、手のひらみたいな5枚の葉を、生まれたことを喜ぶように大きく開く。野性味あふれた、なかなか美しい姿をしている。初夏になると豹変して、ひどい場合、見上げるほどに茂っては、草花や野菜をしおれさせる。その根元はノコギリでないと歯が立たず、こうなると駆逐はまずムリ。すでに縦横無尽に張りめぐらされた地下茎が少しでも残っていれば、すぐさまモーレツな勢いで復活してしまう。すこぶる優秀な天敵がいるが、いささか器量が悪く、あまり歓迎されていない。女性が悲鳴を上げるような大型のイモムシである。

　百害あってと思いきや、まさに悪の根源である根っこが民間薬となった。いまでこそ薬効は否定されるが、漢方では消炎や下痢止めに使われることも。若芽は天ぷらにするとおいしいともいわれるが、とても食べる気になれない。

　ヤブカラシの花は、丸裸で、どうにもさむざむしいが、よほど多くの蜜をだすのであろう、大型のチョウや狩り蜂たちで満員御礼となる。このハチたちが、薬剤の効かない害虫たちを探しだし、片っ端からやっつけてくれる。小さな防衛軍を雇うなら、ヤブカラシは有用である。その前に、守るべき野菜をどうにかせねば、お話にならない。やたらめっぽうに抜いては、音をあげる人が多い。勝利の秘訣はスパッと刈る。年に数回やるだけで、根が弱る。

第2章 華麗なる毒草、やんちゃな薬草

ブドウ科
VITACEAE

ヤブカラシ

Cayratia japonica

環境　オフィスビル街、庭、荒地
花期　6〜8月
背丈　ツル性で高く巻きつく

Point

花びらは早朝でないと楽しめない
（午前中のうちに花弁と雄しべを落とすという変わった習性をもつ）

葉は5枚の小葉からなる

——お客様にご注意を——
はてしなく地味な花であるが、大型で獰猛なスズメバチやアシナガバチなどが常連客で居座っている。除草の際は要注意

暮らしぶり

文明的な生活にも進出する都会派野草。確かにその姿は洗練されて目を惹く存在。幼苗の均整がとれた姿は美しいのひと言

花

チョウ、ハチ、コガネムシ——多種の生き物から尊敬と愛を受けるためいくらでも殖える。園芸家の人生は連中とのイタチゴッコにつきる

カカトとヒザと関節炎
〜イノコズチ〜

　たいていの植物なら、調べるにつけ、愛が芽生える。イノコズチだけは例外で、いよいよもっててっぺんくる。

　名前からして「イノシシのかかと」であり、それがどういうものなのかなど考えたこともない。秋を迎えるころ、茎の節が、痛々しいほどぷっくりとなるが、これがイノシシのそれに見えたら、しばし休暇を取ったほうがよい。あげくに、通称イノコズチといえばヒカゲイノコズチをいい、ヒナタイノコズチと区別するのだといわれ、調べてみるも、あまりに微妙で、頭をかきむしる。

　道端や草むらから、わが家のコンクリの隙間まで、いたるところに顔をだす。あまりにもパッとしないうえ、虫食いだらけでひどくみっともない。見つけるそばから引っこ抜く。漢方では「牛膝」といい、かつて常陸地方で栽培されていた。パッとしない根っこは薬局方にも登録されており、浄血・利尿作用のほか、イノコズチ自身がどうにでもできず、悩んでいるくせに（虫のお宿にされている）、人間の関節炎には効くとされた。マウスの実験ではガンの一種を抑え、血液中のGOTとGPTを改善し、肝機能を高める結果もあったという。牛膝には、ヒナタとヒカゲ、どちらも使われるため、区別するメリットはやはりない。

　唯一、愛おしく思えるのは、Achyranthes（もみ殻のような）という果てしなく地味な花。9月に入ると、もみ殻がひょっこりと立ちあがり、シャープな星型をした花をぽんぽんと咲かせてゆく。若草色をしたモダンな花容は、知る人ぞ知る名花であるが、それがヒナタかヒカゲかなど考えてはいけない。万が一、誰かに聞かれて弱ったときは、いよいよ学問世界の金言を使うときである。

　「せっかくだから、調べてごらんなさいな」

第2章 華麗なる毒草、やんちゃな薬草

ヒユ科
AMARANTHACEAE
イノコズチ
（ヒカゲイノコズチ）

Achyranthes japonica

環境　林の縁、草地の日陰、道端
花期　8〜10月
背丈　50〜100cm

Point
花は小さくともデザインは都会的

ヒカゲイノコズチの葉は薄めで縁が波打たないことが多い

――別名「ひっつきむし」――
かさかさに乾燥した果実はあらゆるものにひっつく。服や靴下につくとなかなかはがせない。こうして種まきを手伝わされる

暮らしぶり
ヒナタイノコズチは側溝や鉢植えにもくる。ヒカゲイノコズチは雑木林でひっそり暮らす。いずれにしても眉を吊り上げる必要は、ない

花
ふだんは抜かれている雑草であるが、洗練された花の姿を楽しんでみる価値はある。下段は漢方に使われる「牛膝（根っこ）」

荒地にそびえるパリのエス・プリ
〜ビロードモウズイカ〜

　プロのガーデナーに「これは雑草なのです」と教えたら、こいつはなにをいってるんだと目を丸くされた。世界中のハーブガーデンやフォーマルな庭園にて大切に育てられており、標識には**バーバスカム**（あるいは**マレイン**、**ムレイン**）と表記される。

　パリのエス・プリを漂わせる、美しくも巨大なハーブで、しばしば2メートルを超える。全身が白いうぶ毛におおわれているため、朝日や夕日にやわらかく輝く姿は、庭園のエッフェル塔。天を突くように高くそびえる花穂には、洋菓子のような、レモン色したかわいらしい花がずらりと並ぶ。夏の猛暑や冬の霜にもよく耐え、手間がかからないのに美しい。庭園に、彼女たちがいるといないのでは大違いである。

　関東圏では、河原、荒地、線路わきなどで見られるといわれるが、私はもちろん、仲間たちも野辺で見たことなどなかった。初めて見たのは軽井沢で、レストランの隣に空き地があり、ここに**ビロードモウズイカ**がずらりと並んでいたのである。

　以降、しばしば見かけるようになったが、庭園のそれとは違い、どれもかなり小ぶりである。葉っぱだけであると、やや貧相であり、慣れていないと気がつかない。でも確かに野生化していた。

　薬草としての役目は、鎮痛や鎮静のほか、不眠の改善、高血圧や腎臓機能回復の治療薬ともなり、ハーブティーやサプリメントとして売られるが、あまり一般的ではない。しかも全草に含まれるサポニンという成分は、食中毒を起こすほか、昆虫や魚類には猛毒。園芸種だけでも50種を超えるため、やはりその姿を楽しむのが正解であろう。水辺の近くに植えてはならず、もしもそんな庭園を見つけたならば、こわごわと、池の様子をのぞいて見る。

ゴマノハグサ科
SCROPHULARIACEAE
ビロードモウズイカ
Verbascum thapsus

環境　荒地、河原、道端など
花期　8〜9月
背丈　30〜200cm

Point
レモン色の花を密集させて咲かす

名前のとおり全身がビロードのように白い毛がおおい、やわらかな風合い

——不思議な生態——
数カ所で育てているが、増殖力は小さい。逃げだして野生化したというのが不思議なほどおとなしい。ただしがんじょうではある

暮らしぶり
荒地や道端で小さなコロニーをつくる。野生化したものは全体的に小ぶりであるが、ハーブ園では見上げるほど巨大な塔となる

花
テレビ塔のパラボラみたいにズラリと並ぶ。なぜか真ん中辺りから咲き始め、次々と開花を続ける。花期は長く楽しめる

やさしく香るちんちろ毛
〜ハマスゲ〜

　こんなちんちろ毛の雑草が重要な薬草であると知り、もっとも驚いたのは、誰でもない私自身。なんでも調べてみるものである。

　ハマスゲ（浜菅）は、「おもに海浜で多く見られる」と記されるが、内陸の草むらや道端でもお目にかかる。たいていは大群落をつくって暮らしているものの、身の丈が小さく、細長い葉をひょろりと伸ばしただけであるため、ほかの雑草と区別ができない。夏を迎え、いよいよ花の時期となれば、草むらに茶色い絨毯が敷きつめられた光景になるのだが、それでも「やあ、ハマスゲだ。すごいな、かわいいな」と喜ぶ人などありえない。

　いまでこそ、取るに足らない、目にしてもあなたの脳が認識できないほど地味な雑草であるが、昔は婦人病の妙薬として重宝された。学名の*Cyperus*も、女性の象徴「愛の女神」の名である。

　その地下茎には、なんともいえぬ香気があり、セスキテルペノイド類やトリテルペノイド類といった成分が豊富に含まれている。余分なヒゲ根などを取り除き、熱湯で処理し、乾かしたものを生薬「香附子」という。ある実験によれば、神経に痛みを伝える物質（特にプロスタグランジン）の生成を阻害して、頭痛や疼痛を鎮める効果があったとする。このほか、気分を明るくしたり、胃腸を整え、生理不順なども緩和するともある。あるいは飢饉のときなど、丸々と太った根茎からデンプンを抽出して食料にしたという記録も残されている。

　現代ではすっかり用なしとなったが、私たちのご先祖さまを救ってくれたありがたい存在であったようだ。

　感謝の代わりに、ひとつ、愛でておくとしよう。

第2章 華麗なる毒草、やんちゃな薬草

カヤツリグサ科
CYPERACEAE

ハマスゲ

Cyperus rotundus

環境　草地、畑、海浜地帯など
花期　7～10月
背丈　15～40cm

:p: oint

レンガ色の花穂を線香花火のように広げる

細長い葉は根元から生える。その数はたったの数個ほど

──漢方薬「香附子」──
根茎にはシペレン、シペロールなどの精油分が含まれ、神経や臓器の緊張をほぐすとされる

暮らしぶり

地面の下で細長い枝を伸ばして殖えるので、海浜や森林地帯の草むらで大群落をつくる

花

花期になると草むらの一角ががレンガ色に染まる。細長い一本の小穂には20～30個の小花が肩身を寄せ合うように咲いている

天才詐欺師アマロスエリン
〜センブリ〜

　良薬は口に苦し——これがとんだ誤解であることを知る人は少ない。なぜならば、いわくの根源となったセンブリが姿を消しているからであろう。

　郊外にある低山や丘陵地、その陽あたりのよい草むらに好んで棲みつく。二年草であるため、発芽した年は成長が遅く、小さな草のまま冬を越す。2年目の秋になって、ようやく花茎を伸ばし、初冬の木枯らしが吹き抜ける時分にポンポンと咲きだす。均整のとれた星型の白花には、気品に満ちた薄紫のラインが入り、明るいライム色した花芯（かしん）が、清純さと里山の野趣を演出する。背丈は20センチほどとこぢんまりとしていて、個々の花もこよなく小さい。その代わりに数が多く、隣り合って咲くのでよく目立つ。センブリにとって、これが致命傷となる。

　高貴な花に、「センブリとはめずらしい！」といった先輩方の教育もあり、見つかるそばからざっくりと掘りだされてゆく。私の近所でも虚ろな穴だけが残り、それ以降、生えてこない。

　さて、センブリといえばお茶。わずかひと口、舌を湿らせれば、飛び上がるほどの苦味が襲う。あげく半日ほどは消えない。その成分は苦味物質のオンパレード。特にアマロスエリンは天然物のなかでも屈指の苦さ。こうしたものが大半で、健胃効果はほとんどない。「苦ければ効く」といった暗示が人類を救っていることは確かなようで、しばしば乾燥したものが土産物屋で売られることがあるそうだが、センブリは医薬品として扱われるため、薬事法上の販売許可が必要。いたずらな射幸心をあおらず、多くの人が里山でセンブリを楽しめる日が待ち遠しい。

　いまは知る人ぞ知る里山で、ひっそりと、元気に育っている。

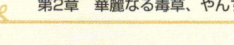

第2章 華麗なる毒草、やんちゃな薬草

リンドウ科
GENTIANACEAE

センブリ

Swertia japonica

環境　丘陵や山地などの草地
花期　9〜11月
背丈　20cmほど

Point

白い花には淡い紫のすじ模様
（黒く見えるものは雄しべの葯）

全体的に地味で草むらに隠れている

──センブリの仲間たち──
花が紫色のムラサキセンブリ、湿地で育つイヌセンブリがあるが、薬用にされることはない

暮らしぶり

ちょっと前まで郊外で見られたそうであるが乱獲されてすっかり数を減らした。11の都道府県で絶滅危惧種に指定されている

花

2cmほどの小さい花はびっくりするほど上品。花つきもよく全草から高貴さすら感じる。私の地元でも盗掘されて姿を消した──

海の女神はどんぶらこっと
〜ヒガンバナ〜

　自然界は、しばしば私たちの想像をはるかに超える妙技をみせるが、ヒガンバナの流麗（りゅうれい）な建築は驚嘆に値するであろう。

　すっかり秋の風物詩となっているが、もともとは中国原産の球根植物。かなり古くに入ってきたようで、ある説によれば、原産地である揚子江の中流域から、球根だけがどんぶらこと旅をして日本に棲みついたという。そんなばかばかしい話が──と思いきや、日本の海岸線に自生するハマユウなどは、アフリカからインド洋などを経て本州海岸にたどりついたということがわかっている。ヒガンバナの学名 *Lycoris* も、ギリシャ神話に登場する海の女神の名であるのも偶然ではないだろう。

　ハミズハナミズという別名は、いっぷう変わった暮らし方に由来する。ヒガンバナ（とその近縁種）は、葉っぱと花がいっしょにでることはなく、いつもどちらかだけしかださない。9月に咲くというのが重要で、近年、お盆に咲くものが増えているが、これ、実は別種で、両者はしばしば混同される。早咲きのヒガンバナは、中国から新たに輸入された品種で、タネをつけるほか、カラフルなものが多く、園芸種として人気がある。古くからいる連中は、不稔性（ふねんせい）といってタネをつけず、いまさら育てる人もない。

　とはいえ、お盆も彼岸もわからない人にとってはどうでもいいことかもしれない。昔は引っ越しの必需品とされ、食糧や害獣除けとして活躍した。だから繁殖力の弱いヒガンバナが全国で元気に育っているという次第。そもそも有毒植物で、球根にどっさり溜めこまれるリコリンは、毒性が高く食べられたものではないが、祖先はこれを抜いて食べる技術をもっていた。これを知らぬ世代になれば、ヒガンバナたちもさぞかし困ることであろう。

第2章　華麗なる毒草、やんちゃな薬草

ヒガンバナ科
AMARYLLIDACEAE

ヒガンバナ

Lycoris radiata

環境　庭、田畑、墓地など
花期　9月
背丈　30〜50cmほど（花の時期）

Point
6個の花が輪形に並んで咲く

地下にできる鱗茎は有毒
（食用や漢方にするには下処理が
必要）

――日本のヒガンバナ――
花は咲いてもタネはまずできない。ご
く稀にできても発芽しないとされる

🌺 花
あまりにも妖艶な造形美に圧倒され
る。ルーペでのぞけば自然の不思議
さが増すばかり

🌺 園芸品種
ピンクやクリーム色など艶や
かなものがある。8月の旧盆
から咲き9〜10月に結実する

かわいい顔して医者泣かせ
～ゲンノショウコ～

　薄靄(うすもや)がけぶる夏の朝。

　山の端に陽が昇り、草むらの朝露がきらめくなか、静かな農村の野辺に、そそくさと人影が動く。土用の丑の日は、ゲンノショウコの収穫の始まりである。

　「現の証拠」といわれるほど効果てきめんの薬草で、医者泣かせ、テキメングサなど100以上の地方名をもつ。私にいわせれば、愛らしさゆえの「ガーデナー泣かせ」である。

　薬効のうち、もっとも多く含まれるタンニンは、殺菌作用のほか、優秀な下痢止めになるという。クエルセチン、コハク酸などもあり、頭痛、腹痛、カゼはもとより、心臓病、腎臓病、婦人病——とどのつまり万能薬とされた。誰が調べたかといえば、この万能薬、どこにでも生える雑草のため、調子が悪いときにすぐに使えるので、片っ端から試されてきたという歴史がある。

　ゲラニウムというと、その美しさでとても人気があるハーブ。日本名をフウロソウといい、ゲンノショウコもこれに属するので、均整のとれた葉はもちろん、花の可憐さは格別。

　夏から晩秋にかけて、サクラ型の花を咲かせる。真珠の肌のように艶やかで、ひとつひとつに洒落た紫のラインが飾られる。その花色は地方によって違いがあり、東ではホワイト、西では赤紫系が多くなる。山地に行けば、これまた発色が違っているのでおもしろい。

　こよなく愛らしいのだが、どこにでも顔をだすので、仕方なしにぶちぶちと抜いている。それでも殖える。抜くたびに罪の意識に駆られてしまい——いくら万能薬とはいえ、少なくともガーデナーにとっては、精神衛生上まったくもってよろしくない。

第2章 華麗なる毒草、やんちゃな薬草

フウロソウ科
GERANIACEAE

ゲンノショウコ

Geranium thunbergii

環境　庭、畑、丘陵地など
花期　7〜10月
背丈　10〜50cm

Point
東では白花、西では紅紫が多い

熟した種子は先端が5裂する
（この形が御輿の屋根に似ている
といわれ、別名ミコシグサの由来
となっている）

――本種の成分凡例――
ゲラニイン、フラボノイド各種、アセチルコリンなど。特にゲラニインは整腸や潰瘍
とガンの抑制に効果的といわれることも

花
女性的な丸い花弁には美しい
線が走っている。ゲラニウム
類はガーデニング大国イギリ
スで人気があるが、野辺の野
草でも観賞価値は高い

近縁種　アメリカフウロ *Geranium carolinianum*
北米からやってきた外来種。春の野辺や
歩道の花壇で出逢える。花は小さいが、
可憐で花数も多い愛すべき雑草である

荒地を飾る小さな太陽
～キクイモ～

　お盆をすぎるようになれば、そろそろ寝苦しい熱帯夜と、気まずい家族サービスのストレスから解放されていい時分である。あなたの冷えきった財布と心を癒すべく、道端に、小さな太陽がぽこぽこと生まれてくる。

　あらゆる雑草がひしめく荒地は、多くの人がひどい痩せ地と思い込んでいる。けれども8月下旬から9月ごろになると、ここに忽然と、小さなヒマワリみたいな花がふわりと咲き誇る。キクイモの季節だ。学名の*Heliantus*はギリシア語で「太陽の花」。庭園に飾ってもおかしくない華やぎがあるが、あとで始末に負えなくなっても私は知らない。強敵である多くの雑草を打ち負かし、誇らしげに花を咲かせ、あげくに名前にあるイモをモリモリとこさえる。厳しい競争社会のなか、どんな財テクで成功しているというのであろうか、正確なことはまるで知られていない。人間はこれに目をつけて栽培したが、食材が豊かになるにつれて畑から消え、彼らは静かな野生生活を満喫するようになった。

　ここに時代の潮流が押し寄せる。5年ほど前であろうか、農協でこの雑草のイモが売られているのでギョッとした。いまではサプリメントから苗までが売られている。イモのくせにデンプンはわずかでタマネギなみに低カロリー、不足しがちな亜鉛と料理のレシピも豊富。イヌリンという物質が多く含まれ、これが血糖値を下げるということで、ひさびさに畑に戻されて大量出荷されている。ユニークなことに、畑に戻されたとたん、連中は連作障害を起こす。年々、イモが小さくなるのだ。厳しい荒地では何年だって元気に育つ。つまり、豪勢な肥料を与えた土地よりも、荒地の生命世界のほうがよっぽど豊かであることを証明してみせた。

第2章 華麗なる毒草、やんちゃな薬草

キク科
COMPOSITAE
キクイモ

Helianthus tuberosus

環境　荒地、畑、道端など
花期　9〜11月
背丈　150〜250cmほど

Point
花は大きく直径6〜8cmにもなる

下部の葉は対生するが上部になると互生に変わる
（キクイモモドキはすべて対生する）

――キクイモの活躍――
このイモにはイヌリンが多く含まれ食用のほか果糖の製造、飴の原料、アルコール発酵にと大活躍。資源不足の時代に日本人を大いに助けた

近縁種 キクイモモドキ *Helianthus helianthoides*
そっくりであるが、地下にイモをつくらない（根塊はできるがとても小さい）。全体的に小ぶり。葉のつき方でも区別可能

暮らしぶり
栄養の争奪戦が激しい荒地で一大群落をつくる。おもに地中でこさえたイモで増える。花期は一帯がヒマワリ色に染めあがる

血の気のない蒼き花園
〜トリカブト〜

　さらさらと、細やかな雨が降りそそぐ山道。伝奇世界に迷い込んだように森閑として、薄靄がうつろに這い回る。こうした場所では、忽然と、血の気を失った、真っ青な群落が姿を現わし、肝を冷やすことがある。雨に濡れ、色を増している姿は──美しさを通り越し、背筋が凍てつくほど鮮烈に映る。

　トリカブトは、イメージばかりが先行して、よもや雑草であるとは夢にも思わない。ところが山地に行けば道端で生えているし、ときには平野部の郊外でも群落が見つかることがある。こうした謎を追うと、紆余曲折を経て、祖先たちの機知にたどりつく。

　世界史でも、紀元前420年ころには、すでに取り扱い禁止法が制定されたほどの猛毒をもつが、野趣あふれる姿と美しい花が人気で、いまでは町の園芸店で売っている。親指大の根塊だけで致死量に達するとされるが、実はひどく苦くて、なにかと混ぜても食べられたものではないらしい。園芸種も安全ではなく、根塊どころか全草にアコニチンなどのアルカロイドが含まれているので、素手で扱うのはもってのほか。小さな傷口から入れば、急性中毒事故の危険がある。山野の幻想的な情景で楽しむのがよい。

　トリカブトには変種が多く、日本だけでも50種類ほどが知られている。その識別はきわめて困難で、専門家をも悩ませる。ごく一般的なのはヤマトリカブトとハナカヅラ。後者は日本で唯一のツル性トリカブトなので、間違いようがない。

　さて、どのトリカブトも冷涼な山地に棲むが、平野部の古い農家や寺社仏閣の付近で見つかることがある。ごく少量を用いることで、薬草になるほか、便壺に落として害虫の発生を防いでいた。花を愛で、ときには生活に応用する。祖先は自然の匠である。

キンポウゲ科
RANUNCULACEAE

ヤマトリカブト

Aconitum japonicum ssp. *japonicum*

環境　山地の林床（稀に平野部）
花期　8〜10月
背丈　100〜150cmほど

Point
青紫の花を鈴なりに咲かせる

葉の切れ込みが3〜5裂で浅い

——もっとも有名だが産地は局限——
ヤマトリカブトは関東西部・中部東部というきわめてかぎられた地域にしか分布しない

花
静かな場所を好みしばしば大群落をつくる。鳥兜という名のとおり独特な花容が美麗。正確な種類を見きわめるなら断面を見る

果実
花は有名であるが果実の姿も愛らしい。ミツバチなどのハナバチが好んで受粉する

清純なる皇女の天蓋
～センニンソウ～

　しなやかで美しい花容——**クレマチス**（巻きヒゲという意）は世界で愛される高価な植物である。テッセンのように大きく迫力に満ちたものから、小さなつり鐘が鈴なりになるものまで多彩であるが、なかでも荒地に棲んでいる野生種は見事である。

　9月の初旬といえば、荒地は**アズマネザサ**や**クズ**といった暴君たちに蹂躙され、あるいは**オオブタクサ**などが天に向かって巨大な鉾（ほこ）を突き立てる。そこに忽然と、輝くばかりの純白のレース、まるで皇女の寝室がごとく、清楚な天蓋がふわりとしなだれる。野生のクレマチスである**センニンソウ**は、どういうわけか、高価で、肥料をたっぷりもらえる園芸種よりも花つきがよい。しかも花容はきわめて繊細で、涼やかな甘い香りも漂わせるのだから、つい惹きつけられてしまう。

　乱暴者がひしめくなか、どうやって栄養を蓄え、ここまで育てるのか——よくわからない。ただ、いつもこの時期になると、予想もしないところで花畑をつくってみせるのは、ひょろりとした巻きヒゲでもって、柔よく剛を制しているからであろうか。彼女たちの生命力と忍耐力には感服しきり。

　さて、柔道の真髄は受け身にあるが、同じくセンニンソウも受け身の巧者である。別名をウシクワズ、ウマノハコボレといい、後者は有毒成分のために馬の歯が抜けるという俗説による。そして甘い香り。小さな働き者たちを誘惑しては、実りを確かなものにする。攻撃型の雑草がひしめく荒地にあって、すべてを飄々（ひょうひょう）と受け流すことで見事に花を咲かす。やがて名前の由来ともなった不思議な果実が実る。秋の青空の中を、タネを抱えた仙人たちの長いヒゲが、季節の風にふわりと舞い、のんびりと旅にでる。

第2章 華麗なる毒草、やんちゃな薬草

キンポウゲ科
RANUNCULACEAE

センニンソウ

Clematis terniflora

環境　荒地、林縁、道端など
花期　8〜9月
背丈　ツル性

Point

無数の花を群舞させる。十字模様に開いたものは萼片

葉は対生。ひとつの葉は3〜7個の小葉で構成され、タマゴ型でほのかに光沢を帯びる

——クレマチス——
近年園芸種は人気が高まり価格も高騰。原種のセンニンソウも販売されている

暮らしぶり

荒地の中でしみじみと暮らす。莫大なタネをつけることを生きがいにしている

果実

名前の由来となったユニークな種子。長いヒゲで秋風を捕まえて、広大な世界を旅してゆく

摩天楼の吸血ラーメン
〜アメリカネナシカズラ〜

　世にも奇妙な生命が、あなたの近所に棲んでいるかもしれない。アメリカネナシカズラには、葉っぱもなければ根っこもない。ここまでくると、植物というより、セミやアブラムシに近い。植物に寄り添っては、甘い汁を横取りしながら暮らしている。

　春、小さな芽をだしたときから変わっている。植物であるなら、なによりもまず葉っぱをだすものと相場が決まっているが、これはひょろりとしたヒゲだけを伸ばす。すぐそばに、元気そうな植物がいれば、ただちに寄り添い、死んでも離さない。万が一、貧相な相手であってもよしとする。とにかく自分の根っこをぷっつりと切り、タコの吸盤みたいなもので栄養を頂戴しながらすくすくと育ち、よじ登り、あっという間に次の獲物に抱きつく。このとき、古い身体はさっさと枯らしてしまい、新しい身体だけがグングン伸びる。摩天楼目指して移動するのだ。これが8月下旬の最盛期ともなれば、ラーメンをぶちまけたように繁茂する。

　まもなく、意外なほどかわいらしい花をつけ、ほぼ例外なく結実する。巻きつかれた宿主は、強豪のセイタカアワダチソウといえども青色吐息、グッタリと枯れる。こうした不思議な生態もあってか、全草が薬草に使われることもある。

　無数の果実は、間もなくポロポロとこぼれて、次の春を待つのであるが、ものすごい繁殖力のわりに、探すと見つからない。分散する能力が低いのか、ラーメンの発生は局地的である。

　同じようなものにマメダオシなる愉快な仲間がいて、アメリカネナシカズラと瓜二つであるが、開花したとき、雄しべが飛びだしているのがアメリカ。そこまでしなくとも、マメダオシは絶滅危惧種の希少種で、見つけたら大発見となる。

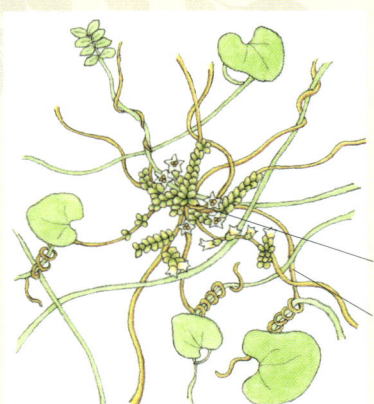

第2章 華麗なる毒草、やんちゃな薬草

ヒルガオ科
CONVOLVULACEAE
アメリカネナシカズラ
Cuscuta pentagona

環境　荒地、河川など
花期　7〜10月
背丈　ツル性

Point
白い花を密集させて咲かす

ツルはよく目立つ黄色。まるでタマゴをつなぎに使った麺類のよう

——識別のポイント——
中心にある花柱がかならず2本立ち、5個の雄しべは花冠から突きでる。これがでていなければ日本産のネナシカズラとなる

暮らしぶり
分布はかぎられているが生息地では迷惑なほど茂ってみせる。あらゆる植物に絡みつく

果実
見るからに迷惑そうなほどの多数の種子。分散能力が低いのはありがたいことであるが、気楽に栽培すると痛い目にあうことも——

ぶらりと揺れる精力いも
〜ガガイモ〜

　はっきりいって、ただのイモではない。その証拠に、イモは地下ではなく地上に実る。その形は、どこか、なんとなく、赤面を誘うのも気のせいではない。

　ガガイモは、郊外の草むらから荒地まで、至るところに顔をだす。ふだんなら、まったくといってよいほど目立たぬが、お盆をすぎるころになれば、個性的な花を豪勢に飾り立てる。スカイブルーの星型した花は、ふわふわとした銀色の毛におおわれ、そっと近づけば、バニラのような甘い香りがする。似たものがないので間違えることもない。

　晩秋、荒地がススキとセイタカアワダチソウの花穂で金色のさざ波に包まれたころ、その片隅でもって、緑色の、どことなくニガウリ（ゴーヤ）にも似た、紡錘形の果実がぷらりとさがる。待ちに待ったイモである。

　これを縦に割ると、イモの内壁がつるりとした光沢におおわれているのがわかる。これが名前のガガ（鏡より転化）になった。

　中身には、小さな種子が肩を寄せ合うように鎮座しているが、これがすごい。ていねいに採って乾かせば漢方薬に。サルコスチンなどのステロール類と糖類が多く、甘みがあり、身体を温めるほか、これがなかなかの強壮・強精作用があるらしい。葉っぱも同じ効果があるようで、とかくガガイモはそれしかないのかというほど、強壮・強精作用が強調される。確かに、花つきのよさからしても、荒地の精力王といえなくもない。

「最近、どうにも疲れが取れない。さっそく試してみるか」と思ったあなたは、ガガイモを探すよりも、まずは数日ほど、奥さんとは別の部屋で、こころ静かに眠る。効果てきめん、間違いなし。

第2章 華麗なる毒草、やんちゃな薬草

ガガイモ科
ASCLEPIADACEAE

ガガイモ

Metaplexis japonica

環境　荒地、林縁、道端など
花期　8月
背丈　ツル性

Point
星型の花の内側に白い毛が密生する（独特な花であるため覚えやすい）

葉は対生するハート型。艶のような光沢を帯びる

―― ヤブの中から見分ける ――
実際のヤブには似たものが多く悩ましい。ツルを切ると白い乳液がでれば本種。すぐに葉の質感で識別できるようになる

暮らしぶり
乾いた場所を好みあらゆる植物に絡みつく。園芸種のような美しい花には甘い芳香がある。花数は多く華やかであるが花期は短い

果実
すっとぼけた愛嬌のあるイモ。中には綿毛をもった涙型の種子がぎっしり。綿毛はアフロヘアーのように広がって風を捕まえる

第3章

四季折々の美術品

＜自然界の芸術回廊＞
可憐、奇天烈、優雅、奇奇怪怪、なんでもござれの有象無象の展覧会。四季折々の逸品たちの暮らしぶり。

里山の名脇役
〜ムラサキハナナ〜

　雑草のくせに、めずらしく厚遇を受けているものがいる。

　ハナダイコン、もしくは諸葛菜(しょかつさい)としてご存じの方も多い。中国原産の帰化植物(きかしょくぶつ)で、戦後になって急速に野生化しており、田畑などの隅っこでお花畑をこさえている。

　植物に「菜」という字が入るものは食用になるという意味がある。紫花菜(むらさきはなな)も、その若芽を茹で、おひたしなどにすると、ホウレンソウのような風味が楽しめるという。輸入されたのは江戸時代で、その目的は観賞用・菜種油の原料であった。

　4月から5月にかけて、鮮やかな青紫、あるいは淡い紫色の花を、それは幸せそうに咲かせてみせる。ミツバチやコハナバチ、そしてチョウチョたちなど、多くの生き物たちが高貴な色のテーブルにつく。結実は、文字どおり確実。無数のタネをつけては元気に殖えて、里山では、辺り一面が紫色に染められ、桜のピンク、レンギョウの黄色とあいまって、桃源郷を思わせる風情をかもしだす「春の名脇役」。

　帰化植物(外来種)は、たいていが嫌われもの。生態系を壊すとか、やたらと殖えて困るとされるが、ムラサキハナナもやんちゃな種族なのに、なぜか迷惑者とは思われていない。花の時期に、わざわざ刈り込む人を知らないし、里山でもすっかり放任されている。

　私は母からショカツサイとして教えられ、ムラサキハナナは大人になってから覚えた。もうひとつの和名だけは、いまだになじむことができないでいる。大紫羅欄花(おおあらせいとう)というが、漢字で書かれたら読めやしない。

第3章 四季折々の美術品

アブラナ科
CRUCIFERAE

ムラサキハナナ
（オオアラセイトウ）

Orychophragmus violaceus

環境	林縁、田畑の道端など
花期	3〜6月
背丈	30〜80cm

Point
花色は明るい紫から濃い赤紫まで

葉の基部が茎を抱く

――歴史の転換期に――
栽培の拡大が本格化したのは1939年。日本は一大転換期の渦中にあって、この草に明日を託した。雑草の底力をしみじみと想う

暮らしぶり
林や潅木の茂みに一大群落をつくる。春の陽に紫紺の絨毯を敷き詰めたように美しく映える

ダイコンの花

花
紫の十字花が愛らしい。別名ハナダイコンというとおり、花姿はダイコンの花（白）に似ている。群落ではハナバチや小型のチョウが飛来して、春の宴にいっそうの華やぎを与える

せっかちな春の妖精
〜セツブンソウ〜

　早春に、美しく咲くものを**スプリング・エフェメラル**（春の妖精）という。なかでも*Eranthis*（春の花）という名を冠するセツブンソウは飛びきり可憐。

　このチビな妖精はいささかせっかちで、いち早く開花したかと思えばまたたく間に枯れてしまう。うかうかして、ちょっとでも出遅れてしまえば、来年まで逢えなくなる。このシビアさも、好きな人にはたまらない。

　節分草と書くが、関東の山野ではひと月ほど遅れた3月がシーズンである。冬の落ち葉や苔が生じた巨石の合間から、わずか10センチほどのチビたちが肩を寄せ合いながら花を開く。

　実のところ、白く見えるのは花ではない。葉っぱが変形した**萼片**（がくへん）というもので、それでは本当の花はどこかといえば、すっかり退化してしまい、黄色い帽子をかぶっている、オシベみたいなのがそれである。

　シルバーグリーンの上品な葉と、小さいながらも華やかな花姿は、山野を愛する人の心をわしづかみにする。もともと自生地が少ないうえに、見つかるそばから乱獲されるなど、セツブンソウにとっては苦難の時代が続き、いまでは希少種となった。

　埼玉県の両神村は、関東で、ひょっとすると国内で最大級の自生地であろう。雑木林の一面が、セツブンソウで埋め尽くされてしまうほど。見る価値は、確かにあった。

　希少種のセツブンソウであるが、さらに奇跡が起きればすばらしい出逢いがある。ごく稀に、白い萼片（がくへん）が多い「キク咲き種」がでることがあり、「キク咲き十弁種」の愛らしさたるや生唾ものである。次の春がくるのを、いまから楽しみで仕方がない。

第3章 四季折々の美術品

キンポウゲ科
RANUNCULACEAE

セツブンソウ

Shibateranthis pinnatifida

環境　山地の林床など
花期　2〜3月
背丈　5〜20cm

Point

白い花弁に見えるのは萼片

黄色い坊主頭のものが本物の花

葉を襟巻きのようにつけるのも特徴のひとつ

――絶滅危惧種――
15都道府県で絶滅危惧指定。特に関東、中部関西の各県で絶滅の危険が高い傾向がある

暮らしぶり

ごくかぎられた樹林でひっそりと暮らす。しばしば群落をつくるが、こうした自生地はめずらしくなってしまった

変異種

白い萼片が10枚もありキクのように咲く。群落の中で珍品を探すのもよき春の酔狂

115

黄金色した春の使者
～フクジュソウ～

　日本人は、めでたいものに目がない民族。**フクジュソウ**は、めでたい新年に咲くし、目を見張るほどの黄金色ということで、幸福と長寿、どちらも欲しい日本人がほうっておくはずもない。きわめつけは、**ナンテン**と合わせることで「難を転じて福寿となす」。日本人にとって、アクロバット的な応用は無限大である。

　およそセツブンソウと同じ時期に、フクジュソウも初舞台を迎える。寒風が吹き抜ける、陽あたりのよい林床から、その大きな蕾でもって落ち葉をかきわけて伸びてくる。気温が上がるにつれ、金色の花弁を惜しげもなく飾り立てたゴージャスな花を広げ、早春の陽光をしっかりと抱きしめる。ハエやアブなど、受粉を請け負う小さな生命にとって、ここは凍えた身体を温めるリゾート地になり、受粉を委託するフクジュソウともちつもたれつ実にうまくやっている。しかしながら、身体が冷えて困るのはフクジュソウも同じで、もし数分でも日が陰ってしまえば、たちどころにシャッターを降ろす――花を閉じてじっとするのだ。

　さて、学名の*Adonis*（アドニス）とは、ギリシャ神話に登場する美男子の名で、彼が流した血の色に由来する。ヨーロッパのフクジュソウは赤色がふつうであるためこうなったが、関東でも**秩父紅**というエキゾチックな赤い品種があり、ヨーロッパ的かといえば、意外にも日本情緒たっぷりである。

　なにしろめでたいということで、さかんに交配され、園芸種も豊富であるが、いつの間にか、原種のようなめでたさ満開なものよりも、煤けたような地味な花、立ち枯れた姿をした変種のほうが人気である。日本人の感性は、本当に変わっている。

第3章 四季折々の美術品

キンポウゲ科
RANUNCULACEAE

フクジュソウ

Adonis amurensis

環境　山地の明るい林床など
花期　3〜4月
背丈　10〜30cm

Point
黄色い花弁はシルクのような光沢があり、陽光を集めて体温を上げている

花数はひと茎から1〜数個ほど

——庭に植えると縁起が悪い？——
幸運のイメージが強い福寿草。実は有毒でアドニトキシンなどは水に溶けやすい。言い伝えは家人や家畜の飲み水の安全を願ってのことであろう

花
陽あたりのよい林床に金色の盃を並べる。直径3〜5cmの花は意外なほど迫力がある。シックな葉や茎との組み合わせが秀逸

園芸種　チチブベニ（秩父紅）
ヨーロピアン的な色彩でも、和の侘び寂びを感じさせるから不思議。園芸種は多種ある

117

雑木林が育む花束
〜シュンラン〜

　4月。早春の野山に、不滅の名花が顔をだす。

　落ち葉をかきわけ、すっと伸びた花茎に、大きな花がうつむきかげんに咲き誇る。野生のランではもっともポピュラーな種族であるが、春の陽がそそぐ、もの静かな林床にあって、華麗な造形美にハッと息をのむ。

　シュンランは、そのやわらかな物腰に似合わぬほど元気で、近所の雑木林から里山の丘陵まで、いたるところでお目にかかる。けれども、多くの人が見たことがないのは、どうにもならない事情がある。

　その美しい花容は、花材によし、お茶に浮かべて蘭茶(らんちゃ)としても楽しまれるほか、土さえあえば毎年咲いてくれるため、欲しがる人があとを絶たない。自生する姿が、あまりにも魅力的にうつるからである。

　シュンランたちは、小さなコロニーをつくって暮らす。ひっそりとした雑木林の中で、ちょっとした花畑をこさえるので、ここに春の陽光が差し込もうものなら（もちろん、決まってそういう場所にいる）、愛らしくも幻想的な光景に、誰しも心を打たれてしまう。愛好家ならずとも、存分にそそられるため、ひとたび見つかれば、即刻、根こそぎもってゆかれる。あなたが散策にきたときは、その痕跡を堪能するほかない。

　不滅ともいえる人気の高さは驚くほど。幸運なことに、エビネのような熱狂を誘うほどではなく、そして繁殖力もそこそこであるため、自生地が全滅することはめったにない。かならずといってよいほど、シュンランたちは思わぬ場所で、ひっそりと繁殖している。ひとりでも、多くの人が楽しめる時代が、待ち遠しい。

第3章 四季折々の美術品

ラン科
ORCHIDACEAE

シュンラン

Cymbidium goeringii

環境　山地の明るい林床など
花期　3〜4月
背丈　10〜20cm

Point
萼片3枚と側花弁2枚がライム色で白い唇弁には紅のスポット模様

硬く細長い葉の縁はザラザラする

―― 贅沢な蘭茶 ――
収穫した花を1週間ほど梅酢に漬けたあと陰干し。これに塩をまぶして保存する。好きなときにお茶に浮かべて楽しまれた

暮らしぶり
静かな樹林帯でささやかなコロニーをつくって暮らす。目が慣れてくると、辺りにコロニーが点在していることに気がつくようになる

花容
ひとつの茎に大きな花をひとつだけ乗せる。春の陽だまりで見ると、技芸に富んだロウ細工のなまめかしい輝きがある

チビ助たちの幽玄なる舞い
〜チゴユリ〜

　里山には、美しいメドレーがある。まず、スプリング・エフェメラルの花々が、雑木林に春の目ざめを告げる。続いて春の神々をもてなすべく、とても小さな行列が姿を現す。

　木々が芽吹いたころ、もの静かな林床で、**チゴユリ**たちが歌い始める。高さは20センチほどと小さくあり、ササだと思って気づかぬ人も多い。端正な星型をした純白の花は、初めて迎える春の舞台に、気恥ずかしそうにうつむいて咲く。それもそのはず、チゴユリは**擬似一年草**といわれ、結実したあと、地上部はすっかり枯れてなくなる。やがて翌春を迎えると、地下にある根っこから新しい芽がでて花を咲かせる。毎年が緊張する初舞台なのである。

　さて、お稚児さんといえば、髪をのばし、化粧をした幼少の男子というイメージが強い。けれども各地の祭りなどでは女子もいて、結局のところ、無垢な子どもに神が宿るとして祭りの主人公になるようである。

　チゴユリは、その愛くるしさと清純な姿で稚児の名をもらったが、おもに根っこで殖える無性生殖が盛んであるため、神性を宿すのにはなおさら具合がいい。祭りの稚児たちは、その小さな額に黒い星が飾られるが、チゴユリもまた、黒い実をひとつぶらさげる。

　雑木林にしゃがみ込み、ウグイスの初音を聞きながら、チゴユリの祭りに春を思う。

　生命の季節が、いよいよ盛りを迎えるのだと、ワクワクしてならない。

第3章 四季折々の美術品

ユリ科
LILIACEAE
チゴユリ

Disporum smilacinum

環境　雑木林の明るい林床など
花期　4〜6月
背丈　20〜30cm

Point
果実は小さく黒熟する

繊細な白花がうなだれて咲く。
花数はひと茎に1〜2個

───マニアの愉悦───
本種はしばしば突然変異を起こす。葉に美しい模様（斑）が入ったものは、好事家らが集めて栽培する。花色や株立ちの変異体もある

暮らしぶり
雑木林のなかにいくつものコロニーが肩身を寄せ合うように茂ることがある

花
背丈が低く景色に溶け込むため気がつかない人が多い。ふわりと開いた花は、上から見下ろしても独特の風情があっておもしろい。ながめる方向を変えると違った味わいが……

キツネのおんぼろ唐傘
〜ヤブレガサ〜

　なるほどと思わせる、独特の風情が愛らしい。

　山すその、湿り気のある斜面などに顔をだしては、いまだ眠たそうに半開きでうなだれている。キツネノカラカサ、ヨメノカサ、カエルノコシカケなんて異名をもつ。どれも言い得て妙である。

　トレッキングの愛好家やナチュラリストたちに愛されているのは、やはり春のうなだれた姿であるが、ヤブレガサの本領は、初夏の山に漂う"幽玄なる世界"にこそあると思う。

　破れたおんぼろ傘は、晩春になると、一気呵成（いっきかせい）に成長を始める。初夏ともなれば、大きな葉っぱを、それは自慢げに広げて見せるのであるけれど、結局はおんぼろのまま。梅雨の小雨が降りそそぐなか、お互いに、仲睦まじげに寄り添い合い、それでもって山野の憧憬と美しく溶け合う風情がたまらない。葉を打つ雨音、くったりとしなだれるヤブレガサ——木々の葉がこすれ合い、うっすらとした靄（もや）でも漂うものなら、古い精霊の息づかいや、山の神たちの足音が、いまにも聞こえてきそうな心もちとなる。

　見た目こそ、いかにも役に立ちそうもない傘であるが、里山では珍味として楽しまれることがある。

　4月から5月にかけて、傘がいまだ開かない時期が収穫期。その若芽を、天ぷらや、塩茹でしたものをおひたしにして食す。ほのかに山の香りが広がり、いよいよ楽しい季節がやってきたことを教えてくれるのだそうだ。

　私は食べるより、連中のそばにしゃがみ込み、ありもしない幻想にふけることを楽しみにしている。

　いつの世も、浮き世を忘れるひとときは、何物にも替えがたい。

キク科
COMPOSITAE
ヤブレガサ

Syneilesis palmata

環境　山地の明るい林床や斜面
花期　7〜10月
背丈　50〜100cm

Point
春の姿。傘は寝ぼけた半開き

夏が近づくにつれて開いてくる

——ヤブレガサモドキ——
よく似ているが、葉が細長く淡い赤紫色の花を咲かせる珍品。四国（おもに高知・愛媛）に分布している

🌸 春と夏
ヤブレガサの醍醐味はなんといっても葉姿。うらぶれた感じに仙人の息吹きが漂うので、山野で出逢えたときのよろこびはひとしお

🌸 花
撮影：大竹望夫氏

侘び寂びが効いたオツな花を咲かせる。よく種子をつけ発芽率もよい。育てやすい人気の山野草のひとつ

そそり立つマムシの軍団
〜マムシグサ〜

　この植物の「名前」を安易に口にしてはならない。なんでもかんでも名前をつけて小躍りする人間を、この植物は、口を開けてニヤリとやっているのだから。

　サクラが新緑に輝くころ、近所の雑木林をずんずんと奥にゆけば、突如、ひんやりとした風が吹いてくる。人気もなく、薄暗い山道小道。雨水がにじみ、湿気がとぐろを巻き、シダ類が生い茂る北面にでたとたん、うわっとのけぞった。大きな口を中途半端に開き、舌先をのぞかせている**マムシグサ**の大軍である。

　図太い茎を見れば、その由来が知れる。マムシのまだら模様がヌメるように浮かび、鎌首をもたげて大きな花を咲かせている。辺り一面、ずらりと並ぶほか、どれもみな、とんちんかんな方角を向いているのも、いいようのない薄ら寒さを覚える。

　マムシだけあって、秋に実る赤い果実と根茎は薬になるという。ただフェノール酸、シュウ酸カルシウムなど刺激物が多く、有毒物質も豊富なため、気軽に使えるものではないようだ。

　この植物が実力を発揮するのは、もっと別のところにある。

　連中には三十を超える種名（異名）があり、同じマムシグサでも人によって違う名前をいう。めったやたらと連続した変種が発生し、複数の特徴をあわせもつものが多いためである。ところが酵素を使ったアロザイム解析では、「本質的な違いはほとんどない」。結局は一種類だとする説もごもっともで、分類（名）は見る人の感覚や思想によって違う。そこで不用意に名前を口にすると「モノを知らないヤツだ」と嘲笑される、恐ろしい植物である。

　日本植物界の秘境といえるマムシの分類は、これからが本番。こうして斜めからのぞき込む者に、ほら、連中はニヤリとやる。

第3章 四季折々の美術品

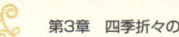

サトイモ科
ARACEAE

マムシグサ

Arisaema serratum

環境　山野や平地の湿った
　　　林床など
花期　4〜6月
背丈　50〜80cm

Point

花を包む仏炎苞（ぶつえんほう）は暗紫色の地に黄緑色のライン模様が入る

偽茎（※）には暗紫色のまだら模様

—— 偽茎（ぎけい）——
花茎には葉っぱの鞘が筒状に重なっており、これを一体として偽茎という

暮らしぶり

とても大きくて奇抜なのに、すぐそばを通っても気づかない人が多い。本家マムシにひけをとらぬ見事な隠蔽色

変幻多彩

その姿は変化に富み、熱中する人があとを絶たない。実はどれも有毒植物

125

妖しい魅力と罠と狩人の話
～クマガイソウ～

　なによりもまず、植物の花は、誰がなんといおうとも生殖器であります。それをあなたは穴があくほどのぞき込んでは、キレイだなんだと撮影したり、匂いまでかいだりするわけで──。

　雑草どころか、希少な植物の代表選手である**クマガイソウ**は、そこらじゅうにない──ともいえない。あまりにも人気があるため、都会であっても植物園や薬草園で見ることができる。4月下旬から5月にかけてが見ごろのシーズン。

　昔の人はこういったものである。「横から見ると男性器、正面から見ると女性のうんぬん」──ちなみにこの感覚は世界標準になっている。

　あくまで形態学のお話であるにしても、話はさらにいやらしくなる。女性のそれだとしても、出口と入り口が逆になっている。クマガイソウは、その猥褻（わいせつ）──いや独創的で大きな花でもって、小さな働き者たちを誘惑する。色香に惑わされたハナバチなどは、下腹部──ではなく下部にある開口部からおじゃまして、隠された秘密の甘い蜜に酔い痴（し）れる。そのままバックしてでていけばいいわけだが、これだとクマガイソウは食い逃げされる。受粉のためのオシベは、ずっと上のほうにあるので、クマガイソウは入り口の壁を内側にめくれさせ、虫の翅をひっかけることで、バックのじゃまをして、食い逃げを防いでいる。どのハチも仕方なく、きまって上部にある尿道、ではなく狭い穴からはいでてくるので、花粉を託すことができる──見事な一方通行戦術が仕組まれているのである。そしてハチなどの獲物を狙う小さなクモも、よくしたもので、かならず尿道のうえで待っている。

　生命の、なんと柔軟なことか──そう、これがいいたかった。

第3章 四季折々の美術品

ラン科
ORCHIDACEAE
クマガイソウ

Cypripedium japonicum

環境　陽のあたる杉林や竹林など
花期　4〜5月
背丈　20〜40cm

Point
袋状になった唇弁の中心に穴があり、ハナバチなどの入り口となっている

葉っぱはたったの2枚だけ。扇形に大きく開く

――絶滅のおそれあり――
環境省では絶滅危惧Ⅱ類であるが、45都道府県で絶滅危惧種に指定。うち36県で絶滅危惧Ⅰ類。東京・長崎では絶滅した

暮らしぶり
彼らはおもに根茎を伸ばして殖えるため、杉林や竹林などに群落をつくって暮らす。現在ではその多くが植栽によるものになっている

花
ユニークな花の直径は10cmの大迫力。肌触りはやわらかい紙風船のよう。すべてが個性的な造形は一見の価値あり

薄暗闇に棲まう小さな賢人
〜ユキノシタ〜

　人間が金銭に群がるように、植物たちは日光を求めて押し合いへし合いで忙しい。なかにはあなたみたいに、浮き世の喧騒から二歩も三歩も引き下がり、ひっそりと人生の華を咲かせているものがいる。

　ユキノシタは、人気のない裏街道で花道をつくることが楽しくて仕方がないようだ。おもしろいものを見つけるには、なにも遠くまで行く必要はない。たまには家の北側を歩いてみるのも一興。春先ならかわいいタチツボスミレが咲き、その合い間に白い装飾が見事な、丸い葉っぱがぺったりと張りついていることであろう。ユキノシタである。

　晩春から初夏にかけて、ユキノシタは、かなり独創的でユニークな花をつけることで人気がある。尖がり帽子をかぶった、ヒゲの仙人みたいな花を、花火がごとく散らして咲かせる。葉っぱもエレガントな幾何学模様が美しく、元気に育つため、シェードガーデン（日陰の庭園）やグランドカバー用に園芸店で売られている。確かに、侘び寂びが大好きな日本人にはたまらない。

　祖先たちも、この花をとても愛していたようである。薬用にもなり、春先の若芽は天ぷらなどでおいしく食べられることから、家庭の常備菜として好んで植えられたようで、いまでも古い農家などではふつうに見かける。庭先の植物には、さまざまな意味や知恵が込められていて、これを見るだけでも、祖先たちの矜持から息づかいまでが聞こえてくる。これもまた散策の楽しみ。

　身近なところで歩いていないところがあれば、小さな冒険を試してみたい。意外なものを見つけたときの幸せな気持ちは、仕事生活では味わえない、得もいわれぬ豊かさに満ちている。

第3章 四季折々の美術品

ユキノシタ科
SAXIFRAGACEAE

ユキノシタ

Saxifraga stolonifera

環境　森林の湿った岩場、住宅の
　　　北面
花期　5〜6月
背丈　20〜50cm

Point
奇抜ながら美しいシンメトリックな花容。雄しべは10本、雌しべは2本

中国の扇みたいな葉には葉脈の複雑な模様が浮きあがる

――庭先の薬箱――
民間処方の例として解熱・解毒・咳止めのほか止血・湿疹・しもやけなど生活病一般。成分はフラボノイド各種、タンニンなど

暮らしぶり
人目につかない日陰の生活を愛する。住宅地ではいつの間にか入り込んでは、ジメジメした北面で大群落をこさえる

花
道教の世界に棲まう風変わりな仙人のよう。これが花火を散らしたように豪勢なほど咲き誇る。園芸的にも根強い人気がある

なくて七癖
～スミレ～

　あまたの品種を押しのけて、日本を代表するニホンスミレ。平凡にみえるけれど、その暮らしはユニーク。七癖どころではない。

　高貴な姿をしているわりに、ガードレールや電柱の根元に生えて、しばしば犬のマーキングによってただならぬ香りを漂わせている。ひどい環境にも耐えるくせに、家に持ち帰るとたちまち枯れる。そこで育て方を聞かれることが実に多い。

　野生のスミレを育てるなら、タネをまくことを試してみたい。スミレは春に咲くが、タネづくりの本番は初夏。とはいえ花は咲かない。閉鎖花といい、蕾のまま自分の花粉で受粉して、開花することなくしぼむ。タネの質と量はこちらのほうがよい。

　留意すべきは、スミレのタネには発芽スイッチがあること。エライオソームというオマケがついていて、これが外れると発芽が始まるのであるが、エライオソームは糖と脂質に富んでいて、甘党のアリンコが好んでせっせと運んでゆく。これまでは「アリンコがこれを食べることで発芽する」と解説されてきたが、それだと巣の中に貯蓄され、スミレは繁殖できない。新しい説は、「アリンコの子どもの匂いがするのだ」といい、子ども（糖分）をなめ、脂質の酸化がすすむことで「子どもが死んだ」と思い、巣の外にだしてしまう――そこであちこちで発芽するのだという。いずれにしても、生態系を熟知した、手の込んだ詐欺を、スミレはやる。

　タネをそのまままいても発芽率が低いのは、複雑な循環系を利用しているからであろう。とはいえ、エライオソームを人工的に除いたところで100％発芽するものでもなく、なにもしないでまいてもひょこり生えることも。

　この貴婦人は、平凡に見えて、なかなか気難しい。

第3章 四季折々の美術品

スミレ科
VIOLACEAE
スミレ（ニホンスミレ）
Viola mandshurica

環境　道端、公園、電柱の下など
花期　4～5月
背丈　5～20cm

Point
ふつう濃い紫だが稀に白色も

距（花の後部）は寸胴で反り返らない

葉は細長いヘラ形で葉柄に翼があるのも特徴のひとつ

―――おいしい春菜―――
万葉の時代からセリ・ナズナと並んで季節の若菜と愛されている。なかでも天ぷらはキレイでおいしいといわれる

暮らしぶり
高貴な姿なくせに棲む場所を選ばない。タネつきはよくギッシリと詰まっている。飛びだして殖えるほかアリンコが持ち帰る

近縁種　ノジスミレ
Viola yedoensis

学名は「江戸のスミレ」という意。スミレにそっくりだが花色が淡くスジ模様が明確に浮きでる、葉の基部が広い、全体に毛が多いという違いがある。似たような場所に生える

日本一のほほ笑みの向こうに
〜サクラスミレ〜

　「日本一」という表現は、あとにも先にも本書では唯一である。野生のスミレにあって、花の大きさが日本一。「スミレにも絶滅危惧種があるのか」と驚いたのも サクラスミレ。このスミレの花を見て、ほかのスミレにはない「絶妙さ」がおわかりであろうか。私はいまだにサッパリで、そもそも理解できる人自体がわからない。

　その花弁は、晩春の空のような晴れやかな色、その先っちょに小さな切れこみがある。これがサクラの花びらにたとえられたが、均整がとれた美しいプロポーション、はかなく短い花期という、その人生のすべてにサクラがあてられたのではないだろうか。

　春も真っただなか、ウグイスののびやかな歌声があわれな懇願に変わるころ、地面の上で、たった数枚の葉っぱをペロンと伸ばす。矢じりを伸ばしたような葉は、厚みがあり、やわらかなうぶ毛におおわれている。やがて株元から花穂が伸びて、それは大きな花をポテンと乗せる。

「やあ、今年もサクラスミレが咲きましたよ」などと、冗談でもいえない。自生地はきわめて希少で、見つかるそばから持ち去られる現実がある。生まれて初めて「口止め」された、思い出深い植物。好事家によれば、見所はやはり花だという。鼻息も荒く、「花弁の開く角度が絶妙で、ほかのスミレとはまるで違っていて云々」という。「ほう」と感じ入り、興味津々のぞき込む。「なるほど。ふつうのスミレのほうがかわいいですね」と最高の笑みを向けたらば、それは白い目を、絶妙な角度で向けられた。

　もし新しい自生地を見つけたら、ちょっとしたニュースになる、そんなスミレである。

第3章 四季折々の美術品

スミレ科
VIOLACEAE
サクラスミレ
Viola hirtipes

環境　山野や丘陵の明るい林床
花期　4〜6月
背丈　10〜15cm

Point
距（花の後部）は細長く上に反る

花弁の先端にサクラの花に似た浅い切れ込みが入る

長く伸びた葉柄の先に先端が尖った葉をつける。うぶ毛が多いのが特徴

──距──
スミレ類の識別で重要なポイントになる。太さ、長さ、反り返る方向を見ておきたい

暮らしぶり

スミレの女王は迫力に満ちている。全国20の都道府県で絶滅危惧種。しかし自生地は意外に多く、山屋やトレッキング愛好者に同行すれば教えてもらえるだろう

スミレ界のプリンセス

ヒナスミレ
Viola tokubuchiana
var. *takedana*

都市近郊のハイキングコースで見られる。花の雰囲気と芳香がたまらない。ごくたまに葉に白い斑が浮かぶ美しいものがある。出逢えたら幸運である

133

日本原産のスウィートバイオレット
〜ニオイタチツボスミレ〜

　フランスのナポレオンがこよなく愛したハーブに、スウィートバイオレットがある。砂糖菓子バイオレットプレートの材料に、花束の彩りに、そして香水の原料にもなるほどすばらしい甘い香りにあふれている。ブームにのってやたらと売られていたが、そういうガーデナーにかぎって、国産のスミレを雑草扱いしてしまうのは皮肉である。

　日本に棲んでいるスミレは、それだけで1冊の本ができるほど品種がある。野生の連中は、どこにでも潜り込み、アスファルトの割れ目でも元気に育つ。特にタチツボスミレは、しばしば庭先に入ってきては、かわいらしい群落をつくる。いくらでも殖える、花色も淡いというので人気がなく、ブチブチと抜かれる。

　これとそっくりな仲間に、ニオイタチツボスミレがある。

　スミレの識別は、知れば知るほど難解になるが、かぐわしい香りがあるとなれば格別。

「道端のスミレが香るの？」

と思われたとおり、限られた品種しか存在しない。なかでもニオイタチツボスミレの香りは、香水の原料スウィートバイオレットとそっくりで、しかも日本的なおしとやかさを備えている。

　見分け方の基本は、まず「茎の有無」。ニホンスミレの場合、葉っぱや花茎は、すべて地面から生えている（茎がない無茎種）。タチツボスミレや本種は、まず茎が立ち上がり、これを頼りにして葉っぱがつき、花が咲く（有茎種）。

　ニオイタチツボスミレは、花びらの上部2枚が寄り添うようにそっくり返っているのが特徴。あとはちょっとかがんでクンクンしてみる。小さなスミレで"花酔い"と洒落てみたい。

スミレ科
VIOLACEAE
ニオイタチツボスミレ

Viola obtusa

環境　草地、公園など
花期　4〜5月
背丈　10〜15cm

Point
淡いアメジスト色で中心が白くなる

距（花の後部）は寸胴で上に反る

葉の付け根にある托葉がクシ状に裂けているのも特徴

──**托葉（たくよう）**──
茎から葉が伸びる場所にある付属体。スミレのほか悩ましい植物を識別するポイントになるので見ておくと便利

暮らしぶり
明るい草地や林床に数株ほどが寄り添うように暮らすが、ときに大群落をつくることも

花 タチツボスミレ
Viola grypoceras

タチツボスミレとの識別は実に悩ましいほどよく似ているが、ひとまず匂いを嗅いでみれば疑問は氷解する。ただしスミレ類は自然交雑しやすく、宅地や里山であると図鑑での識別は困難であろう

タネが鳴きますきっちょんちょん
〜ツボスミレ〜

　謙虚さは、しばしば身を助ける。それも度がすぎては――。特に花の場合、目立たなくては意味がない。この点、ツボスミレはもっとも控えめな種族で、咲いても気がつかない人が多い。不思議なもので、それでも至るところで元気に咲いている。

　4月から6月にかけて、林道や田んぼ、湿りけのある草地などで、小ぶりの白いスミレを見かけたら、おそらく本種であろう。日本全土で見ることができ、点々と、こじんまりとしたコロニーをつくり、春の風に揺れている。よく見れば、その花弁は絹肌のようになめらかで、青紫色した斑紋も、株によって違いがある。左右に突きでた花弁がくるりとカールしているのもほほ笑ましい。

　別の名をニョイスミレ（如意菫）といい、如意とはお坊さんがもつ仏具に由来する。人によってどちらを正式名とするかが違うため、書物で探すときは注意したい（最近ではタチツボスミレと混同しないようニョイスミレを愛用する傾向がある）。

　長澤武氏の『植物民俗（法政大学出版）』によれば、長野県の北安曇野地方では米草（こめくさ）と呼んでいたらしい。花が終わり、タネをつける時期になると、子どもたちがこれを集めてまわる。ひとつのサヤには白いタネがギュッと詰まっているので、おままごとのご飯に見立てられ、そのまま食べたようである。当の書物によれば、もち米のような感触がして、甘みが広がるほか、奥歯でかんだとき「キッチョン、キッチョン」と愉快な音がするという。

　毎年、これを楽しみに山野に踊りだしては、タネが実るのをいまかいまかと待つ。そのまますっかり忘れてしまい、冬になると思いだす。また半年、じっと待たねばならない。

スミレ科
VIOLACEAE

ツボスミレ(ニョイスミレ)

Viola verecunda

環境	湿り気のある草地、林床
花期	4〜5月
背丈	10cmほど

Point
距(花の後部)はほとんどない

花弁が白く唇弁の紫のスジが目立つ

葉はタチツボスミレ系とそっくりだが、托葉の姿で簡単に区別できる

──スミレのちんちろ毛──
スミレには花弁の奥に毛が生えるものがある。この有無を手がかりにして種族を絞り込むことができる。本種は毛が生える種族

暮らしぶり

陽あたりのよい場所で群れて咲く。左右の花弁が後方にカールするものが多い。唇弁にある紫の模様は、個体によって変化に富む

変異種 ムラサキコマノツメ
Viola verecunda f. violacens

淡い桃色がさす美しい変異種。聞き慣れぬ名はサワギキョウの会の佐々木氏に教授していただいた。ツボスミレ類の葉が馬の蹄(駒の爪)に似るのでついた別名だそうだ

狂ラン時代の鬼ごっこ
〜エビネ〜

　もって生まれた美貌のあまり、絶滅危惧に追い込まれた。

　調査の道すがら、見つけても、人には決して教えない植物がいくつかある。エビネもその代表種で、私にはなんのことやらサッパリであるけれど、先輩方から口止めされる。

　エビネなら、よっぽどキレイな園芸種がいくらでも売っている。一方、自生種のエビネは、はっきりいって地味である。しかも醤油くさい。魚醤でもいい。ともかく盗掘などの狂乱を誘うような魅力など、ちっとも感じやしない。私のセンスに問題があるとも思えないのであるが、いかがなものであろうか。

　生態系研究者の大久保重徳先生が、意外なことを教えてくれた。「改良種は美しく、誰でも買える。だからこそ、めったに手に入らない固有の遺伝子をもった自生種の希少価値が高くなった」

　エビネはランの一種で、微塵のようなタネを無数につけ、悪質業者から逃れるべく風に乗せてえいっとバラまく。コロニーからずっと離れたところでも見つかるため、拡散能力はとても高い。

　エビネの発芽や成長には、どうしてもラン菌の助けが必要になる。この菌はどこにでもいるわけではないため、エビネたちも新天地では稀にしか育たない。もし運よく発芽できたら、大きな葉をだらしなくべろんと広げ、時期になれば花茎をグングンと伸ばし、プロポーションのよい花を、嫌味なほど鈴なりにさせる。

　あるとき、道端に生えているのを見つけてギョッとした。盗掘を避けるために引っこ抜くなどは本末転倒もはなはだしい。幸運なことに、平凡な雑草に埋まって見すごされ、無事に開花した。自然の林床にあると誰も気づかない。そんな程度である。

　どうかあなたが狂乱の渦中に巻き込まれませんように。

第3章 四季折々の美術品

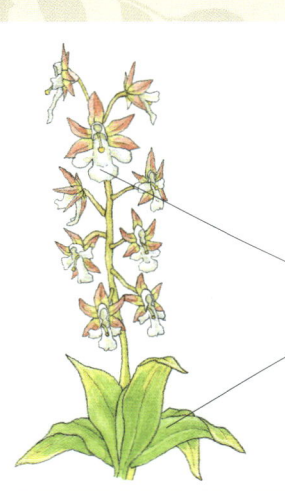

ラン科
ORCHIDACEAE

エビネ

Calanthe discolor

環境　湿り気のある林内
花期　4〜5月
背丈　30〜40cm

Point
学名の種小名ディスコロールのとおり花は2色。色の変化が多い

べろんとした大きな葉を伸ばす

——絶滅危惧種——
環境省では準絶滅危惧であるが46都道府県で絶滅危惧種に指定。多くが高レベルのⅠ類・Ⅱ類指定で自生地の保護が急務

暮らしぶり
しばしば草間に隠れており意外と目立たない。ポツポツと点在するほか単独で生えることも

花と種子
上部が赤褐色で下部が白色のものがオーソドックス。さまざまな変種があるほか園芸的に改良が進められ、多様な色彩が楽しまれている

結実

アスファルトだってなんのその
〜シャガ〜

　初夏の気高き踊り子、**アヤメ**と**カキツバタ**。アイリスやイリスの名でも親しまれるが、*Iris*には虹という意が込められている。なかでも"日本の虹"と誉れも高いのが**シャガ**。道端でも元気に育つ踊り子たちは、タネをつけることはなく、根っこだけで繁殖する。その威力たるや、モーレツ。

　アスファルトの路面をサクラの花びらが染めるころ、田畑や民家の道端に、白く大きなレースの花が立ち並ぶ。それはお行儀よく、ニワトリのでっかい鶏冠がラインダンスをしているかのよう。カラフルなパープル模様もひときわ可憐で、日なたから日陰まで、あまりうるさくいわず、元気に育つ。

　5年ほど前になるであろうか、このシャガの元気ぶりに絶句させられたことがあった。こともあろうか、アスファルトを叩き割っているやつがいたのである。球根から芽をだす連中は、すさまじいパワーで土をかきわけ、顔をだすのだけれど、これほどの例をかつて見たことがない。夢中でシャッターを切ったが、いまにして思えば、そばにあった山桜が怪しい。サクラ、ポプラ、ケヤキなどは、街路樹として好んで植えられるが、あれは自殺行為である。連中はアスファルトをめくる天才で、隆起や地割れを起こしては、うっかり者の私の足元をすくっている。そう思い、写真を凝視してみたものの――やはりシャガが割っている。

　シャガは、その花が派手であるため、すっかり園芸種であると思っている人が多い。**帰化植物**(きかしょくぶつ)には違いないが、ずいぶんと昔に中国からやってきて、いまではもりもりと野生化している。

「では中国の虹じゃないか」

　そう言われてしまうと、またしてもひっくり返るほかない。

アヤメ科
IRIDACEAE

シャガ

Iris japonica

環境　林縁とその道端など
花期　4〜5月
背丈　30〜70cm

Point
直径5cmにもなるフリル状の花。
朝に開いて夕方にしぼむ

平たいシャープな葉には光沢がある

――― まさかのリスト入り ―――
驚いたことに本種も絶滅危惧の仲間入りを果たしていた。東京都だけ（準絶滅危惧種）だが、調査が進むとさらなる事実が判明するか？

暮らしぶり
山地や丘陵では民家の近くで大群落に。薄暗い日陰でも元気に育ち花畑をつくる。繊細なフリル状の花弁にはパステルカラーの文様が映える。見るほどに繊細で可憐

ど根性
問題のシャガ。あなたの近所にいるシャガもきっと舗装突破に熱中しているはず。決して消えてほしくない愛すべき隣人である

祝福の、鐘が鳴りますキンコン圏
〜ネジバナ〜

　庭で芝生を育てると、決まってオマケがついてくる。ひとつ、猫のフン。ひとつ、ネジバナ。この可憐な花は、のどかな草地はもちろん、粉塵と排気ガスが絶えない高速道路の中央分離帯でおおいに育っている。

　園芸店で売られるほど人気が高いが、暮らしや性格についてに知られていない。たとえば花のねじれ方。実際に比べてみれば、右巻きもあれば左巻きもある。さらに途中で逆転するもの、あるいは「巻くのがめんどうになった」と直列するものがあるなど、その性格はおおらか。観察していると、咲き始めはねじれていない。このとき見れば「めずらしい直列型だ！」と思うが、しばらくすると、下のほうからゆっくりと巻きが入ってくる。

　根っこもユニーク。地上の姿からは想像もしなかった、真っ白な大根足が伸びている。しかもあなたが根っこだと思っている一部は、菌のコロニー。植物たちは、根っこで菌を呼び寄せ、菌根圏という小さな世界をつくり、お互いにもちつもたれつ、うまくやっている。ネジバナの場合、ラン菌の一種が共生して（ランの場合は飼い殺しであるが）、①土壌の栄養塩類の供給、②水の吸収の強化、③病気に対する抵抗性獲得、④発芽を助けるなど、めざましい活躍をする。ネジバナはひと株で数十万ともいわれるタネをつけるが、発芽のための栄養はもたず、ラン菌がいないとどうにもならない。ネジバナなど、そこらじゅうで見かけるのであるが、どこでも育つというわけではない。

　愛すべきは、花のみにあらず。ひと目につかない地下で、せっせと働いている小人たちにも祝福を捧げたい。

第3章 四季折々の美術品

ラン科
ORCHIDACEAE

ネジバナ

Spiranthes sinensis

環境　草地、芝生、中央分離帯など
花期　5〜10月
背丈　10〜40cm

Point
明るいピンクと白の可憐な花姿。ねじれ方には個性があっておもしろい

――ラン菌は気難しい――
土壌に生息してランの根に侵入。好条件であれば菌糸を1日に2mmも伸ばす。この菌が元気に棲むためには多様な微生物の存在が必要

暮らしぶり
丘陵の静かな草地から猫のトイレの芝生まで。煤煙けぶる東北道の中央分離帯でもおおいに茂る。見下ろしても愛らしいがルーペでのぞくと格別な清純さが伝わってくる。ミツバチなどが好む

大根足の少女
地上部からは想像もつかないものがある。立派に育ったおみ足が赤面を誘う

昭和の雑草は21世紀の希少種

〜ミミナグサ〜

　さまざまな書物で「道端の雑草」とされたのは昔の話。なかなか見つからない珍種となり、しばしば保護の対象にもなって標識も立てられる。いいのか悪いのか、複雑な気分である。

　耳菜草（みみなぐさ）と書くが、ピョコピョコと並んだ小さな葉っぱがネズミの耳に思えるから。背丈は30センチほどで、ひょろりとした茎を伸ばす。てっぺんに、恥じらうように小花を咲かせても、あまりにも地味なため、見向きもされない。もの好きな人だけのぞいてみるとよい。白亜の磁器みたいな光沢をたたえ、基部に向かうにつれてライム色に染めあがる。花芯は明るいレモンイエローで、雄しべたちがロリポップみたいにツンツンと並ぶなど、シンプルを追求した自然美にあふれている。このよさにピンときてしまうと、もはやもとの世界に戻れない。

「なんだ。これなら、そこらじゅうにあるじゃないか」

　自然に明るいあなたはそう思うかもしれない。公園、草地、道端などでは"そっくりさん"がいくらでも繁茂している。明治の末、ヨーロッパからオランダミミナグサがやってきた。彼らはたちまちのうちに勢力を拡大し、日本のミミナグサたちは棲み家を追われるようになった。十年前の書物でも、都市近郊から姿を消しているとあり、いまでは里山でもなかなか見つからない。

　発見が困難である理由はほかにもある。ひとつ、こんな雑草を本気で探す者がいない（自生地の情報が少ない）。ふたつ、なくなっても別にかまわない（結局は雑草だろう）。

　それでも「絶滅が心配されます」といった標識が立つと、お持ち帰りになる方がでてくる。自然保護のアイロニーを体現する、たかが雑草のミミナグサたち――その静かなる暮らしに祝福あれ。

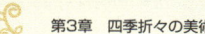

ナデシコ科
CARYOPHYLLACEAE
ミミナグサ

Cerastium holosteoides
var. *hallaisanense*

環境　畑地、道端、草地など
花期　4〜6月
背丈　15〜30cm

Point
星型の先端が赤褐色に染まるのが本種の特徴

茎も明るいレンガ色

――オランダミミナグサ――
茎の色は緑色が基本だが、しばしば赤みを帯びるのでやっかい。識別ポイントは下記のとおり

暮らしぶり

いまでは圧倒的に少なくなった。サクラの花弁をすらりと伸ばした美しいフォルム。透明感のあるシルクの光沢もたまらない

近縁種　オランダミミナグサ *Cerastium glomeratum*

見比べるとわかりやすい。花が密集して咲き、萼片が緑色ならこちら。識別できる人が非常に少ないのは、そもそも固有種ミミナグサを見たことがないから

鎮座ましますピンクの仏像
〜ホトケノザ〜

　きわめて重要な雑草のひとつ。特にガーデニングや家庭菜園を始めた人は、なにはさておき、まっ先に覚えておきたい。

　雑草界のインストラクターといえるほど、**ホトケノザ**は覚えやすい。赤ちゃんのよだれかけのような丸い葉を重ね、そのてっぺんに、鮮やかな桃色の花を輪を描くように飾り立てる（関西では白花もある）。その愛らしさとは裏腹に、早春から真冬──要するに年がら年中、どこにでも生え、花を咲かせる。そこで、野菜や花を守るために重要なルールが生まれた。

　ホトケノザのモーレツな繁殖力を支えているのは、花の下部に並ぶ、ひときわ美しい蕾たち。**閉鎖花**であり、閉じたまま自分で受粉してタネをこさえる。数が多く、季節を問わず発芽するため、気がついたときにはわんさかと茂っている。

　致命的な問題は、花をめったやたらに咲かすこと。根っこに**VA菌**（クサフジの項参照）が共生するため可能になった超能力であるけれど、栄養バランスがかたより、じわじわと体調を崩してゆく。結果、葉っぱが白くなる**ウドンコ病**になりやすく、あっという間に仲間に蔓延。あなたが栽培している植物に感染するのも時間の問題であり、致命傷にならずとも、花つきや結実が激減したり、少なくとも見ばえはきわめて悪くなる（もちろんほおっておけば枯死することもある。晴れた日に、清潔なハサミで病変部を切り取って焼却する）。

　スマートなピンクの花弁がお行儀よく並ぶ姿は、蓮の葉に鎮座まします仏さまに見えなくもない。ホトケノザは愛すべき存在ではあるのだけれど、それでも駆除せねばならぬところに、自然界と人間界のジレンマがある。

シソ科
LABIATAE

ホトケノザ

Lamium amplexicaule

環境　庭先、道端、至るところ
花期　3〜6月
背丈　10〜30cm

Point
ピンクの花は小鳥のヒナが餌をねだる姿に見立てられることも

よだれかけみたいな葉を段々につける

——ホトケノザの遺伝子戦略——
開花した花は同族の遺伝子と交わって、新しい適応個体をつくる。閉鎖化は、自分の優秀な遺伝子をそのまま後世に伝える機能がある

暮らしぶり
ブロック塀の隙間から鉢植えまでどこにでも生えるやんちゃな生命。彼女らの行く手を阻む手立ては、いまのところない

花
その造形の美しさには定評がある。花の下に並ぶ紅色の蕾は閉鎖化で開花しないままタネをつける。陽あたりのよい場所なら冬も咲く。もれなく殖える——

森の木陰の月光菩薩
〜ギンリョウソウ〜

「植物は偉い生き物です」

学校や環境学習などでは、しばしばこんなやり取りがされる。なにが偉いかといえば、「ムダ口を叩かない」という人もあれば、必要な栄養は自分でつくる、天命をまっとうすれば多くの命を育むから、であろう。これを独立栄養生物といい、植物やほかの動物の上前を刎ねている私たちは従属栄養生物という。

植物は、おもに葉っぱで栄養をつくるが、このとき葉緑体が欠かせない。ギンリョウソウは見るからにそれをもっていない。はなから独立を考えなかった、例外的な存在である。

いよいよ夏の気配が漂ってきたころ、雑木林の、雑草や落ち葉で隠された道端などで、奇妙なものが頭をもたげてくる。透きとおった夜の、蒼白く輝く月、その冷たい輝きを抱いたキノコのようなものがモコモコと生えてきて、幻想的、はたまた奇々怪々ともいえる風景にギョッとする。ときに数十も並び、薄暗闇にボウッと浮かぶ様は、すべての生き物の生死を支配する月光菩薩のよう。ややうつむいた青い口からは、いまにも真言の合唱が響いてきそうな、うすら寒さを覚える奇景となる。

さて、ギンリョウソウは、自活ができないため、土の中の腐植質や、これを分解してくれる微生物たちに頼って生きている。繁殖力も低いため、棲んでいる場所は局所的で点々としている。

いつの間に生えてきては、気づかぬうちに消えてしまう。

珍品とまでは行かぬものの、毎年、かならず、同じ場所にでてくるわけでもない。だからこそ、ぽっこりと顔をだしてくれた年はうれしい心もちになる。

ひょっとすると、向こうも同じかもしれない。

第3章 四季折々の美術品

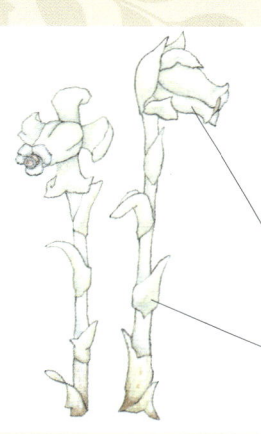

イチヤクソウ科
PYROLACEAE

ギンリョウソウ

Monotropastrum humile

環境　山地や丘陵の湿った林床など
花期　5〜8月
背丈　10〜20cm

Point

艶かしいシルク調の花をうなだれて咲かす

これは葉が退化したもので鱗片葉という

――菌に寄生した植物――
本種はかつて「腐生植物」とされたが、本種自体が腐植から栄養を摂るのではなく、あくまで菌類に助けられて成長する菌寄生植物

暮らしぶり

樹木の株元や下草の合間からひょっこりと顔をだす。たまに10株以上のコロニーをつくる

花

銀色の竜を彷彿させるのでその名がついた。落ち葉をかきわけて伸びてくるが、意外なほど周囲の色に溶け込み見逃されることも多い。この不思議な森の住人は全国各地で見られる

山道の紅い灯台
〜ベニバナイチヤクソウ〜

　初夏。丘陵や山地を渉猟するにはうってつけの季節である。

　なんの気なしにそぞろ歩いているとき、女性たちが「んまあ！」と驚くのがベニバナイチヤクソウである。

　口の中に、ほんのりとした和菓子の味が広がりそうな紅色の花。旗ざおのように、しゃんと立ち上がった花穂に、それはお行儀よく並んで咲く。小さなくせに遠くからでもよく目立つのは、お仲間といっしょに小さなコロニーをつくるから。

　しばしば「深山（みやま）に咲く」と書かれるが、中部や北関東では、ちょっとした丘陵地でも見かけることがある。頻度は低いため、出逢えたときのうれしさはひとしお。一般に見られるのは、白い花を咲かせるイチヤクソウのほうであろう。

　イチヤクソウとベニバナイチヤクソウは、その名のとおり、昔から薬草として重宝されてきた。全草を使ってリキュール漬けなどにして、脚気（かっけ）や利尿薬（りにょうやく）として用いられ、小さな菜っ葉みたいにぺろんと広がった生の葉は、傷口や虫刺されにもんで貼るなどされた。

　園芸店の山野草コーナーに並んでいることがあるけれど、栽培はとても難しい。彼女たちは、見た目と違い、根っこを深く伸ばせないと機嫌が悪くなる。しかも特殊な菌たちと共生しているため、人工的な環境（鉢植えや庭先）においた場合、新しい菌が供給されないので枯れてしまう。

　そういう次第で、本種が見つかるような場所は、ほかの山野草たちも喜んで暮らしていることが多い。道端でちょこなんと咲いていたら、図鑑を片手に辺りを捜してみる。

　意外な発見を誘ってくれる、小さな灯台となってくれるだろう。

イチヤクソウ科
PYROLACEAE
ベニバナイチヤクソウ

Pyrola incarnata

環境　山道の道端や林床など
花期　6〜7月
背丈　15〜25cmほど

🅿oint
小さなランプシェードみたいな花は濃い紅色から桃色でよく目立つ

つやのある楕円形の葉は常緑で、根際に5枚ほどつけるだけ

────ホットな三角関係植物!?────
本種は鉢植えにすると枯れることが多い。実は複数の菌を仲介者にして樹木の根から栄養をもらっている。生命の関係性はいつも複雑怪奇

🌼 暮らしぶり
針葉樹が多い山地においてコロニーで暮らす。しばしば山道に沿って可憐な花道をつくる

🌼 花
ひとつの花の直径はわずか1.5cmにすぎない。愛らしい桃色と絶妙な配列のおかげでよく目立ち、散策者を楽しませてくれる

梅雨を彩る小さな釣り鐘
～ホタルブクロ～

　冷たい風が吹き、長雨が続く梅雨の時期は、花の少ない季節である。ホタルブクロは、この時期に咲くとあって、人々からとても愛されている。

　その昔、子どもたちが蛍を入れて持ち帰ったという美しい由来が有名であるが、事実はもっと違うものが入っている。

　かってはそこらの土手や林でふつうに見られたそうである。時代は変わり、いまでは住宅地の庭先で見るのがふつうになった。学名のカンパニュラとは「小さな鐘」、プンクタータとは「小さな斑点がある」という意。暗い紫色の斑点は、せっかくの愛らしさを半減させるような気もするが、自然界ではきわめて重要な意味をもつほか、林床や和風の庭園などに咲く姿は、わざわざ改良された品種にはない野趣にあふれて美しい。

　ホタルブクロを愛しているのは、人間だけではない。花の少ない時期、あのプンクタータ（斑点模様）が、よく目立つ広告塔となる。働きもののハナバチたちが嬉々として飛んできて、小さな鐘に潜り込む。その背中がまたたくまに花粉まみれになって、ホタルブクロの繁栄を約束する。しばしば大きなハナバチが入っているため、気軽にのぞき込むと、とんだハチ逢わせとなるので注意したい（梅雨は生命界が劇的に変化するため、小さな連中も神経質になっている）。

　本当のところ、花に蛍を入れたかどうかははなはだ疑問であるが、「火垂る（＝提灯）」のように咲くからという説も趣きがあってよいと思われる。

　こうした植物には多くの生き物たちが引き寄せられており、改良された園芸種と人気の違いを比べてみるのもおもしろい。

キキョウ科
CAMPANULACEAE

ホタルブクロ

Campanula punctata

環境　丘陵の林縁・木陰など
花期　6～7月
背丈　40～80cm

Point
釣り鐘や提灯に見立てられる。白をベースに赤紫の彩りが入る

茎葉は互生し葉の縁には細かい鋸歯が並ぶ

――ヤマホタルブクロ――
山地に生える種族で花色はピンク。背丈も60cmほどと小柄。ひょろりと一本立ちするのでわかりやすい

暮らしぶり
雑木林や丘陵の道端でふつうに見られたのは昔の話。いまは公園や住宅地の庭先でよく見かける

花
なかなか見る機会もないが、下からのぞけばこうなっている。中身もおもしろい風情がある

ガマンできないの、お願い、触らないで
〜キツリフネ〜

　園芸店にゆけば、ホウセンカでおなじみのインパチェンスという花が売られている。学名に由来したもので*Impatiens*とは「こらえきれないもの」という意。なんとも不名誉な名前は、ユニークな生態を見事に表している。

　キツリフネは、釣りをする小舟に見立てられたツリフネソウの仲間で、花弁が黄色いものをいう。キツリフネの学名を翻訳すると「がまんできないから、私に触らないで」となる。

　種子が熟するころになると、なにか、ちょっとした刺激があれば、ついこらえきれなくなってパチンと弾ける。ホウセンカでご存じの方もあるかと思うが、なかなか愉快である。

　ぷっくりとふくらんだ花も、なかなか巧妙なつくりになっている。受粉を確実に助けてくれる小動物にしか蜜を与えない、飲み逃げは許さないわよという態度であり、身体が大きなクマバチなどは入る余地もないのだが、連中は執拗なほどこの花にまとわりつく。蜜のある部分を外側からかじって、蜜だけ奪うつもりなのだ。たいていの書籍ならここで終わるが、これには続きがある。本来であれば、正面玄関から入る連中も、このかみ痕を見つけると、蜜だけを飲んでゆく。キツリフネにとって、まさに踏んだり蹴ったり。それでも毎年、多くの花を咲かせるところなど、なかなか辛抱強いと思うのである。

　山の湿地や小川のほとりなどに群生するが、庭先などでも元気に育つ。こらえきれないのはむしろ人間のようで、しばしば盗掘するものがいる。花つきがよく、育てやすい販売品種のほうがよっぽど楽しめるのであるから、山野ではなんとかこらえて、里山の情緒といっしょに堪能したいところ。

ツリフネソウ科
BALSAMINACEAE

キツリフネ

Impatiens noli-tangere

環境	山や丘陵の湿った林や渓流沿い
花期	6〜9月
背丈	40〜80cmほど

Point
レモン色の花がふわりと咲く

花の後ろに伸びた「距」はブタの尻尾みたいにくるりとカールする

暮らしぶり
自生地ではコロニーをつくってお花畑となる。育てやすく花つきも多いため、園芸店でも売られており住宅地の庭先で見かけることも

花
エプロンのように開いた花弁（下側）は身体が大きなマルハナバチ専用のヘリポート。距が複雑な形をしているのも、口吻が長いマルハナバチ以外に蜜を与えないためのトラップといわれる。こうした関係を 共進化 という

日常と幽界の狭間にありて
〜ミソハギ〜

　冥土や幽界について、あれこれ考える性質でもなく、信心も皿のように浅くあるが、この花畑を見ると、つい背筋を正してしまう。江戸は下町育ちのご先祖たちは、いつだって、私にでっかい雷を落としていたからである。

　ミソハギは、ずいぶんと古くから祭事に用いられていたようで、禊萩（みそはぎ）と書くが、実はいまでもふつうに使われている。東京の場合、新盆（7月中旬）で施餓鬼会（せがきかい）が営まれるが、ちょうどこの時期、ミソハギの紅紫色の花がいっせいに開花する。書物によっては「山野の湿地に生える」とあるが、これはあくまで自生種の話。農家の庭先や畑のすみで見かけることが多いのは、決して偶然ではなく、収穫して墓前に供えるほか、法要の席ではこれを水につけ、供物に振りまいたりする。仏事とは縁遠くなったといわれるが、いまだ多くの人にとって生活必需品である。

　花つきがよく、めんどうをみなくても育つため、ガーデニングでも人気がある。ミツバチやチョウなどが好んでやってくることもあり、家庭菜園などをやる場合は、受粉が必要な野菜の近くに植えてもよい。

　そのついでに、というと、ご先祖様にどやされてしまうが、自分でせっせと収穫した花束を携えて、お盆の墓参りと洒落込んでみてはどうであろう。ナスの牛やキュウリの馬でお迎えするのも、日本版のハロウィンだと思ってやれば、なかなか新鮮で楽しかったりする。

　夕暮れどき、家人とともに、道端で灯明をともす。近所の玄関では帰りを待つ灯りが灯り、夕餉（ゆうげ）の香りがたなびいてくる。日常の営みが、愛おしく思えてくるから不思議である。

第3章 四季折々の美術品

ミソハギ科
LYTHRACEAE

ミソハギ

Lythrum anceps

環境　山野の湿地、畑、道端など
花期　7〜8月
背丈　50〜100cmほど

Point

鮮やかな赤紫の花を豪勢に咲かせる

葉は細長い披針形でいずれも十字に対生する

※エゾミソハギ
Lythruazm salicaria
ミソハギによく似ているが、茎や葉にうぶ毛があるほか、葉の付け根が茎を抱いている

暮らしぶり

おもに群落をつくって集団で暮らしている。お盆の時期になるといっせいに咲いて、庭先や道端に鮮やかな花の絨毯を広げる

花

鮮烈な花弁とレモン色のおしべのコントラストがよく映える。次々と開花するので、蜜を求めたハチやチョウがどんどん集まってくる。野菜のコンパニオンプランツとしても優秀

157

デビルの吐息は甘いマスカット
〜クズ〜

　アメリカではデビル・プランツ（悪魔の植物）と呼ばれる。
　クズの生命力は人智をはるかに凌ぎ、とにかくツルを伸ばして這い上がり、広大な荒地や山の斜面をおおい尽くしてしまう。
　日本でも雑草の代表格とされ、きわめて迷惑とされるクズ。けれども考えてみると、栄養が乏しく、競争の激しい荒地にあって、なぜあれほど成長できるのか──不思議に思わないだろうか。
　クズはその根っこに根粒菌（こんりゅうきん）を飼っている。お互いに必須の栄養素を交換できるため、ほかより早く成長できる。大きな葉も、それだけ仕事ができるので、良質のデンプンをたんとこさえ、根っこの金庫に貯蓄する。その量は、一世代で使い切れるものではなく、人間に施してあまりあるほど。
　セミ時雨（しぐれ）が通りすぎ、秋の気配を感じるころ、クズは大きな花穂をいっせいに開花させる。ルピナスのように美しく立ち上がる花からは、熟したマスカットのようなみずみずしい芳香を漂わせ、人々を魅了する。誰もが、よもやあのクズだとは思わない。
　華麗な花の祭典が終わっても、クズの財産はちっとも減らない。このころのツル先は天ぷらにすると、もっとも甘味があり美味。葉っぱも栄養豊富で、根っこを切り干しすれば葛根湯に。強靭（きょうじん）なツルはクラフトの材料になるという、まさに捨てるところがない。
　ところで、クズは日本原産で、アメリカやヨーロッパにはなかった。土壌改良や牧草として「これはすばらしい！」と鼻息も荒く導入したのであるが、ご賢察のとおり、間もなくすべての領土を占領し、「どんな悪魔の悪ふざけだ！」と手に負えなくなった。
　とんだ汚名を着せられたが、寛容なクズは気にもとめず、新天地でもって、それはすこやかに、わんさかと殖えている。

第3章 四季折々の美術品

マメ科
LEGUMINOSAE

クズ

Pueraria lobata

環境　荒地、道端など
花期　7〜9月
背丈　ツル性（10mに達す）

Point

赤紫と黄色で彩られた花は甘い芳香を漂わせる

葉は大人の顔より大きく育つことも。時間とともに開き方が変化。真夏の昼は縦になって陽があたる面積を最小限にして、夕方はもとどおり横向きになる

花

大きな花穂は下から咲いてゆき、咲き進むにつれて周囲に甘い芳香が満ちてくる

暮らしぶり

手入れを怠った場所をあっという間に占領。樹木、電柱、鉄塔などをぐるぐる巻きにする

果実

多くの昆虫が集まるため、秋はマメ袋が鈴なりに。冬はすべて枯れるが来年も繁栄は確実

赤毛のアンとギルバートの胃痛の話
〜ウマノアシガタ〜

　生まれながらの天真爛漫——この草むらの小さな太陽は、いつだって楽しげに春風と遊んでいる。あの赤毛のアンもこれを愛し、小さな花束をつくって帽子に飾り、教会にでかけた。厳格でおせっかいなリンド婦人が度肝を抜かれるところから、物語が始まる。

　赤毛のアンでは"きんぽうげ"としてでてくるが、あなたの近所にある**キンポウゲ**とは別種。日本の固有種で、英名をジャパニーズ・バターカップ、和名**ウマノアシガタ**という。4月の明るい陽射しに、きらきらと輝く花弁が華やかで、似たものが多いキンポウゲ科の仲間でも際立って可憐。ときに八重咲きのものがでるが、"金鳳花"という名はこの品種だけを指す。

　のどかな牧草地にひょこひょこと生えては私たちを楽しませてくれるが、これには深いわけがある。多くの動物はこれを避けて食べ残す。キンポウゲ科は毒草としても有名で、特にウマノアシガタにはラヌンクリンという配糖体が含まれ、摂食によって加水分解を起こすと、プロトアネモニンに変身する。胃の粘膜を壊して出血を起こすほか、皮膚につけば水泡や炎症を引き起こす。つまり「まあ、かわいい」と気軽に手折ると「なにするの！」と反撃を食らう。そう、思えば赤毛のアンも、「にんじん！」とからかったギルバート・ブライスに、数々の恐るべき冷たい仕返しをした。プロトアネモニンどころではない。密かな愛を育んでいたギルバートの胸をかきむしり、そして胃を痛め、ベッドでのたうちまわる姿は想像にやすい。

　紳士どのは、愛らしいものに、いらぬちょっかいをだしたがる。野原で暮らすアンたちも、そのまま静かに愛でるが吉。ギルバートのような遠回りは、紳士の繊細な粘膜をひどく痛めるだけ。

キンポウゲ科
RANUNCULACEAE
ウマノアシガタ

Ranunculus japonicus

環境　低山、丘陵、郊外の草地など
花期　4～5月
背丈　30～60cm

Point
5弁の花にはきらめくような光沢
がある
（本種の特徴のひとつ）

茎や葉にうぶ毛が多い

──ヒキノカサ──
キンポウゲの仲間は似たものが多い。
本種は湿ったところに多く、ウマノ
アシガタは乾燥地にいる

暮らしぶり
明るい草地や斜面に群落をつ
くって暮らす。本当のキンポ
ウゲは園芸店に多く見られる

花
小ぶりながらも黄金色の光沢が美しい。この
仲間たちは、いずれの花も似たような特徴と
構造をもっている。慣れるまで時間がかかる
が、覚えるにつけおもしろくなってくる

甘い香りのぽんぽん草
〜ヒメクグ〜

　とある秋の、晴れた空の下。ごろ寝を楽しむ草むらで、このはてしなく地味な雑草に気づいた人は幸いである。

　ヒメクグは、陽あたりのよい、やや湿り気をはらんだ草地であれば、どこにでも顔をだす。あまりにも小さいため、芝生やほかのチビ雑草に埋もれており、よほど注意深い人でないと見つからない（百人いたら、百人が気にしない）。その姿はひときわ愛らしく、繊細をきわめる。すっくと立ち上がる花茎から、スレンダーでシャープな葉っぱを3枚だけ伸ばす。その中心に花が咲くのであるが、小さなポンポンをちょこんと乗せたようなもので、なんとも愛嬌たっぷり。たいていはコロニーで暮らしているため、よく見ると、辺りはポンポンだらけ。

　しばしば茎の上にポンポンだけ乗っている、ちょっとマヌケなやつもいる。草むらの小さな住人たちの好物であるらしく、その葉っぱは片っ端から食べられている。完全な美を保っているヒメクグを見つけるのは、ちょいとばかり苦労するかもしれない。

　興味がある人は、指先で、このポンポンをもんでみたい。思いのほかやわらかくあり、見た目からは想像だにしない、甘い、ココナッツのような香りに驚く。ひと休みするときの、ささやかなリフレッシュとして楽しめたならすばらしい。

　お仲間の**ウシクグ**もよい香りがするといわれ、レモンのような柑橘系の芳香を漂わせるという。甘い香りをもつ雑草は意外と少ないため、人に教えると喜ばれる。ただ「ココナッツの香り」といって共感してくれた人はひとりもいない。では、なんの香りであるかと問い返せば、「なんだったかなあ？」と首をひねるばかり。あなたがなににたとえるか、とても気になるところである。

カヤツリグサ科
CYPERACEAE

ヒメクグ

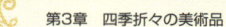

Cyperus brevifolius
var. *leiolepis*

環境　陽が当たる湿った草地、田んぼ
花期　7〜10月
背丈　5〜20cm

Point
ひとつひとつの突起が小花で球状にまとまっている

花の下に風力発電機のプロペラように3本の苞がつく

──超難読漢字──
姫莎草の莎草はカヤツリグサの仲間の総称で、もしも莎草（しゃそう）と読めばハマスゲ（P.92）の古名となり、莎草（さぎめ）と読むと芽（かや）に似た草を指す

暮らしぶり
やや湿り気のある場所に大群落を築く。あまりにも景色に溶け込むため、あなたは何度となく踏んだり蹴ったりしているはず

花
甘い香りは全草にあるけれど、花穂がもっとももみやすい。意外にやわらかくて、不思議なもみ心地を堪能できる。視線を下げて群落に臨むとなんとも愛らしい

由緒正しき日本のサルビア
〜キバナアキギリ〜

　植物の世界で、ピンキリといわれるほど価値の格差が激しいものにサルビアがある。育てやすく、あらゆる花色がそろっていて、簡単に、それは見事な花畑ができる。初夏から晩秋にかけて、市街地や住宅地でサルビアを見ないで歩くのは不可能である。

　野山でも、美しいサルビア祭りとなっている。むさ苦しい残暑が終わろうというころ、雑木林や低山の道端に、やわらかな、カスタードクリームのお花畑が広がる。熟練の園芸家でも意外と知らない**キバナアキギリ**は、日本で自生するサルビアである。

　いかにも日本産というぐあいで、やや湿り気のある半日陰、山の静かな場所を好み、背丈は低く、葉っぱはいかにも質実剛健といった暗くて濃い緑色。おのおのはこじんまりと腰を据えているものの、コロニーで暮らすことを好むため、花期ともなれば華やかなクリーム色の絨毯が敷きつめられる。秋の山道は、傾いた陽が樹木の影を落とし、草木が最後の仕事をなすべく濃い葉色をたたえることで、ここに物憂げな陰影が際立つものである。そんななか、楚々とした秋の草花が、ポツポツと咲いているといったイメージが強く、キバナアキギリの花畑がふわりと広がると、いっそう美しく映える。

　園芸種とはまったく違った趣きがあり、整形された庭園などにも植えられる。けれども、移ろいつつある山野の息吹のなか、しんみりと、可憐に語らう姿にこそ感じ入ることができる。

　やあ、太っちょのマルハナバチが、生涯で最後の仕事場に選んだようである。それはうれしそうに頭を突っこんだ。

　木々のざわめきも小さくなり、風の香りも変わってきた。
「もういいかい？」と、冬の声が聞こえる。

第3章 四季折々の美術品

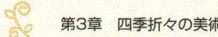

シソ科
LABIATAE

キバナアキギリ

Salvia nipponica

環境　山地や丘陵の木陰など
花期　8〜10月
背丈　20〜40cm

🅟oint
淡いクリームの花がよく目立つ

鉾形に張りだした葉も特徴のひとつ。桐の葉に似ているのでその名がついた

——不朽の名品サルビア——
育てやすい、花数が多い、交配も可能。毎年のように新品種が発表され園芸家を魅了している。挿し木で簡単に殖やせる

🌱 暮らしぶり

やや陽の陰った林床や道端に好んで棲みつく。西洋のサルビアは赤や紫など鮮明な色が多く、陽あたりを好む点で日本種と違う

🌱 輸入品種

①サルビア"ローズシャンデリア"
②サルビア"メキシカンブッシュ"
③メドゥセージ(サルビア)
④チェリーセージ"サーモンイエロー"

あなたの愛、伝えませう
〜ナンバンギセル〜

　栃木県の那須で、キャベツ畑で愛を叫ぶというイベントが人気を呼んでいる。「そんなこと、まったくもって恥ずかしい」、あるいは「日ごと叫ばされているからノドが痛い」という方に朗報が。
「どうしてその名がついたのですか？」
　とある女性から質問を受けた。現代の和名は南蛮煙管(なんばんぎせる)、つまり花の姿がパイプに似ているから──そう答えたところ、彼女は眉根を寄せ、口を尖らせる。薄桃色の花を、物憂げにうつむかせる風情に、まったく似合わないという。
「古く万葉の時代には、『思い草』と呼ばれたこともあって」
　しおらしい姿をしているものの、本種は寄生植物である。ススキやサトウキビなどの根っこにくっつき、栄養をたっぷりと奪ったあげく、秋になるとススキの株元から花茎だけをひょいと伸ばし、「ごめんなさいね、どうにもホント、スミマセン」などとうなだれて咲く。その様子が、万葉の歌人の手にかかれば──「もはや私たちはススキと思い草と同じく一心同体。私はいつだってあなたのことを思い、いつもこうして物陰から案じているのです」──この解説で、ようやく彼女もご満悦となった。
　時代は変わり、愛は直球勝負が求められる。どうしても恥ずかしいときは、ナンバンギセルの強壮作用に頼ってみる。あるいは叫びすぎでいがらっぽくなったら、ぐあいのいいことに、喉の炎症も癒すともいわれる。
　ナンバンギセルは、横取りした栄養で無数のタネをつける。奥さんや彼女に想いを告げない場合、気がついたころには、夕餉(ゆうげ)のおかずの数が減り、懐の財布がやせ細っているかもしれない。やっかいなタネほどよく育つ。自然の摂理である。

第3章 四季折々の美術品

ハマウツボ科
OROBANCHACEAE

ナンバンギセル

Aeginetia indica

環境　ススキ、サトウキビの株元など
花期　7～9月
背丈　15～30cm

Point
淡い桃色のキセルをうつむかせる

茎は薄い赤褐色。寄生植物のため葉緑体や葉をもたない

——オオナンバンギセル——
山内の草地に育つ。濃いピンクの花を咲かす、茎が白、大型という点で違う

ナンバンギセルの根

暮らしぶり
日本全土で見られるが生息地は点在。そもそも荒地にわけ入りススキの株元を見て歩く人もいない。こうして自生地は守られ、知らぬ間に見事な群落を築くことがある

微塵のような
秋になると提灯みたいに膨れたものが残される。微小な種子がびっしりと詰まっている。湿った脱脂綿に載せて軽く傷つけたススキの根につけると発芽率が高まるそうである

小道をゆく、風のささやき
〜カゼクサ〜

　雑草に、いちいち名前があるのも驚かされるが、しばしば誤解によって正式名にされることがある。

　本種は誰でも見たことがあるはずだが、まったくもって気にもされない代表選手。けれどもカゼクサ（風草）とは、ずいぶんと風情のある名ではないか。昔の人は、わずかなそよ風でもこの穂がサラサラと揺れる様を見て、風の様子を知らせてくれることからこの名を配したといわれる。

　足で踏まれても車輪でごりごり轢（ひ）かれても、カゼクサは辛抱強く、季節の息吹を伝えてくれる。そう思いながらながめれば、まめまめしいススキのような風情もあり、小道をゆく風を捕まえ、涼しげに歌う姿に、じんわりと愛らしさが湧いてくる。

　ときには手ごわい相手ともなる。別名をミチシバといって、踏み固められたところに好んで生えるため、根っこを深くまで伸ばし、硬くしまった土をがっちりとつかんで離さない。引っこ抜こうとしても容易ではなく、コロニーをつくっていると大変な目にあう。

　昔の人の、小粋な「見立て遊び」は実にユニークで感服するが、この草、あなたならどんな名をつけるであろうか。なかなか悩ましく、ここでも手ごわい相手となる。

　祖先たちもそうであったようだ。カゼクサは、そもそも中国の風知草（ふうちそう）と勘違いされてつけられたという。風知草は園芸店でも売られているので、比べてみるとおもしろい。似ているどころか、まったく違う。生き物の世界では、名前の混乱は日常茶飯事。ひどい場合、学者や販売者によって違うことも。カゼクサは誤解から生まれた金の卵であろう。本物よりも「風」を感じるのだから。

第3章 四季折々の美術品

イネ科
POACEAE

カゼクサ

Eragrostis ferruginea

環境　道端、草地などいたるところ
花期　8〜10月
背丈　30〜80cm

Point
褐色に見える花穂はよく見ると赤紫

葉の付け根付近にくびれがある

――シナダレスズメガヤ――
本種の仲間で巨大な種族。道路の砂防用に導入されたのが野生化。わが家にきたので抜こうとしたがビクともしない。効果絶大

暮らしぶり
踏まれても潰されてもド根性で復活する。モミの木のような円錐状に広がる花穂が特徴で、これが道をゆく季節の風に揺れる

風知草
こちらが本物の風知草（園芸種）。こんもりと茂り申しわけなさそうに繊細な花穂を伸ばす。そのままの姿で枯れるため、冬期の庭を飾るのにもうってつけ

若返りの仙薬で日の丸を描いた件
〜ミツバアケビ〜

　世に"仙薬"は多かれど、アケビのそれは揺るぎがない。この神通力は、確かに若返りの効果がある。被験者がいうのだから間違いない。

　アケビにも種類がある。多くの人は知らぬようで、山野を歩くときなどは、ちょっとしたウンチクのネタになる。まずは葉っぱを見る。3枚のものをミツバアケビ、五枚のものがアケビとゴヨウ（五葉）アケビといい、葉っぱの縁が丸いものがアケビで、ギザギザになっているのがゴヨウアケビ。花の時期なら、白花を咲かせているのがアケビである（ほかの二者は濃い赤紫色）。

　真冬にすっかり枯れたアケビたちは、春ともなれば新芽をポコポコとだしつつ、お得意の木登りに熱中する。暖かい陽射しを求めて、上下左右と自由自在。あらゆるものにしがみついて這い回る。晩春には、個性的な花をこれでもかと咲かせ、その姿はとても愛らしい。けれども、おなじみの実がつくのは秋まで待たねばならない。人間と動物たちで奪い合うほど甘く、栄養豊富。

　ひんやりとして、ぷるりという食感——それらが甘みと溶け合いながら、庭仕事の渇きと疲れのすべてを忘れさせてくれる。

　やっかいなツル、特にミツバアケビのそれは仙薬となる。若芽をおひたしにしてワサビ醤油で食すると、甘みとぬめりがあり、香りもよい。いくら強壮作用が高いとはいえ、夕食にはオススメできない。もうひとつの解毒作用——利尿作用がモーレツで、この歳にして蒲団に日の丸を描き、「寝しょんべんとはかくも気もちがいいものだったのか」と至極感銘を受けた。ともかく、尿意を覚えるとまもないほど制御不能で、オシメ時代まで若返ったのである。その効果はひと晩で消えた。助かった——。

第3章 四季折々の美術品

アケビ科
LARDIZABALACEAE
ミツバアケビ
Akebia trifoliata

環境　道端、草地などいたるところ
花期　4〜5月
背丈　ツル性落葉低木

Point
こちらが雄花

大きいほうが雌花

葉は3枚

——アケビの実：含有成分凡例——
アケビンは鎮痛・利尿作用。アケビオサイドは、むくみ解消や抗ストレス作用が期待される。効能はさておきおいしいので試してみたい

暮らしぶり
林縁や林内のあちこちに生える。タネを庭にまくと始末に負えないほど元気に茂る。事実、とても困っている

山野の潤う滋味
疲れているときやノドが乾いているときに食べると絶品。昔は農家のお嫁さんの貴重な栄養源で、舅や姑の目を盗んで空腹をしのいだ

171

秋の夜風で今宵も一献
〜ススキ〜

　夜空に浮かぶ秋の名月。ひときわ澄んだ月光は、もの静かな夜風を呼び寄せ、漆黒の緞帳(どんちょう)がおりた荒地に、それは幻想的なススキ野を躍らせる。心がにじむような森閑とした光景に、ちょっと一杯、ひっかけたくなるのも道理というもの。

　一時は、ススキが減っているなどと騒がれた時代があった。幸い誤解ですんだが、"ススキ野"となると確かに少ない。

「この夏、都内の庭や畑地でも見かけたよ」

　そういう声を聞くが、あれはトキワススキという別種であることが多い。花期が8〜9月と早いのが特徴で、冬になっても葉が枯れない。あまり知られていないが、ススキには変種が多く、園芸種としても人気がある。

「近所の河原で茂っているのをよくみるけれど」

　銀色の花穂が、秋風にたなびく風情は絶品である。酒の肴にはぴったりのススキ野に思えるが、実はこれ、オギ(別名オギヨシ)といってやはり別種である。休耕田や湿った荒地などでも、しばしば見かける。穂の数が多いほか、シルバーに輝くところが特徴で、このオギと比べてしまうとススキはとても寂しい感じがする。

　思えば"寂"とは、古びて趣きのあることをいい、この閑寂味(かんじゃくみ)がきわまって芸術まで行きついたものをいう。

　閑寂味もまた、ひっそりとして寂しいことを表わす。ススキにぴったりの情感ではなかろうか。

　気ぜわしい日常と、メタボリックや体の錆びも忘れ、友人と一献かたむけるなら、閑寂なるススキがよい。盃の酒がいっそう深みを増すのは確実に錯覚であるにしても、酒の肴の選び方と、大人の飲み方を教えてくれることだけは確かである。

第3章 四季折々の美術品

イネ科
POACEAE

ススキ

Miscanthus sinensis

環境　陽のあたる荒地、空き地など
花期　8〜10月
背丈　100〜200cm以上

Point
花穂は赤みを帯びている

葉のふちに微細なのこぎり葉があり、とてもざらつく

——荒野の帝王ススキ——
荒地では栄枯盛衰がつきもの。これを**遷移**というが、ススキは外来種を押しのけ最終的に勝ち残る帝王。このあと樹木類が進出する

暮らしぶり

荒地の中で競争力がもっとも強い種族のひとつ。雑木林の宅地開発が頓挫した地帯では、辺り一面ススキ野になったことがある

近縁種 オギ *Miscanthus sacchariflorus*

田畑や河川敷などに多い。花穂の数はススキより多く、まるで銀ギツネの尾のよう。秋晴れの青空の下で輝く姿は爽快。花期は9〜10月

あなたは採るか、捕られるか
～サルトリイバラ～

　猿捕茨(さるとりいばら)は"いわく"のスーパーマーケット。

　まず「果実」。雑木林の道端や林縁など、陽だまりを好んで暮らしており、晩春から初夏にかけて団扇(うちわ)のような葉を元気に広げる。このとき、茎の先が巻きひげになって、お隣の樹木や草花に絡みつき、ひと雨ごとにズンズンと育つ。妖精のハンドベルのような小さい花は、5月ごろに咲く。気品に満ちたライム色をして、淡いレモン色のしべとのコントラストはひときわキュート。これがいよいよ結実したならば、さらに絶品——といわれるが、長いこと見ることがかなわなかった。どこにもないのである。リース、花材、正月飾り、ときには妙薬として、サルトリイバラの果実は知る人ぞ知る銘果。郊外や里山には"暮らしの達人"が意外なほど多いようで、ある日、その美しさがきわまった時期になると、鈴なりになった赤い実が忽然と消える。里山の熟年スナイパーたちの精度は驚異的で、「もうすぐルビーのように赤くなるぞ」と楽しみにしていたら、見事に撃ち抜かれた。

　次に「薬効」。果実は生食でも美味といわれるが、オススメできない。中国では、根茎を調理して、胃がん、乳がん、直腸がんなど、ガンの妙薬として使われるそうであるが、あなたがいま「へぇ」と思ったとおり、薬効もそんなぐあいであると思ってよい。

　「値段」もすごい。調べてみたら、小さなポット苗で600円から1000円も！　思わず近所の雑木林で片っ端から収穫しようかとも思うほど、どこにでも生えている。「名前」にあるとおり、葉や茎にトゲがあるけれど、突き刺さるほど硬くない。これに絡め捕られるのは猿ではなくて、よほど欲の皮がピンと張った人間くらいであろう。きわめつけはこれ——雑草ではなく、実は樹木である。

第3章 四季折々の美術品

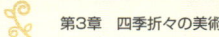

サルトリイバラ科
SMILACACEAE

サルトリイバラ

Smilax china

環境　陽のあたる荒地、空き地など
花期　4〜5月
背丈　ツル性落葉低木

Point
団扇のような葉（葉脈）が特徴

冬になると果実は真紅に染まる

——サルトリイバラの含有成分——
根茎にはステロイド系サポニンが含まれる。抗腫瘍効果のほか、解毒や解熱、浄血作用が認められるとされる

暮らしぶり

林縁の半日陰などに好んで育つ。多くが1mに満たないが稀に見上げるほど巨大化するものも

花と果実　　撮影：森ひとみ氏

2008年度は多くの実りをつけた（写真上）。秋になると果実の多くが傷んでしまったが、ごくわずかな株だけに見事な実りが残されていた。リンゴ飴のように鮮やかである

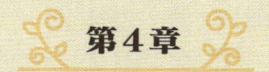

第4章
蹴られても、踏みにじられても
ひと花咲かすよ

<深遠なる"役立たずの王宮">
平凡なる暮らし、人生の道くさをこよなく
愛するすべての生命（ひと）――究極の
自然哲学者たちに光あれ――

大自然に帰れた才媛
〜レンゲソウ〜

「手に取るな　やはり野に置け　蓮華草」

　私の世代になると、ゲンゲといわれてもわからない。春の水田にて、見渡すかぎり咲くゲンゲの情景を知らないのである。

　すぐれた薬剤と作物の改良——そのおかげで食卓は豊かになり、農家の労苦も確実に減った。と同時に、農耕馬や牛舎も次々と姿を消し、可憐なレンゲ畑も失われてしまった。でも、嘆く必要はない。楽しみは、意外なところでしっかりと息づいている。

　野辺を歩いていると、耕作放棄地や荒地の一角に、野生化したレンゲ畑がポコポコと華やいでいる。彼女たちが痩せた土地でも生きてゆけるのは、根っこに共生菌を飼っているからであろう。実験でわかったのは、その飼い慣らし方がよほどうまいとみえて、共生菌は爆発的な栄養をこさえ、レンゲはもちろん、周囲の植物も恩恵にあずかっている。こうして元気に育ったレンゲは、ミネラルやビタミンなどの栄養をたっぷりと抱くため、優秀な緑肥として、あるいは牛馬の飼料、高級ハチミツの蜜源と、それは目覚ましい貢献をした。けれども、「人間の役に立つ」というレッテルは、レンゲにとって歓迎できることばかりでもない。やたらと植えられては、病害虫の標的になり、連作による生育不良を起こし、そして経済事情による唐突な除去など、ひどい憂き目にあった。

　春の里山から「レンゲ畑が消えてしまった」と嘆く方もあるが、冒頭に配した江戸時代の俳人、滝野瓢水の句が言いえて妙であろうか。そもそもは、美しい遊女の身請けをしようとする友人を諫めた句のようであるが、レンゲの場合、無理矢理囲われたものが、ようやく野辺に帰れた、ということになる。

　いまは、あるべき姿を楽しめる時代に戻れた、といえる。

第4章 蹴られても、踏みにじられてもひと花咲かすよ

マメ科
LEGUMINOSAE
レンゲ（ゲンゲ）

Astragalus sinicus

環境　明るい荒地、空き地など
花期　4〜6月
背丈　10〜30cm

Point
愛らしい花穂。ツートンのチョウチョが輪になって踊るよう

小葉は7〜11個。かならず奇数

——ユニークな性格——
痩せた土地であると菌と協働しておおいに茂る。一方で有機堆肥がたっぷりな畑だとやる気がないのか例年育ちが悪かった

暮らしぶり
田畑の隅や荒地の中で点々と暮らす。養蜂が盛んな地域では良質の蜜が採れるというので好んで植えられる

根粒菌
たんこぶみたいなふくらみが根粒菌のコロニー。紅く染まっているのは血液と似たような物質で、呼吸に必要な酸素を供給しているところ

荒地と果樹園の総合商社
〜カラスノエンドウ〜

　カラスという名がつくものの、役立たずどころか、すばらしい自然の恵み。果樹園や畑地では緑肥となるほか、植物に欠かせない栄養や益虫を集め、供給してくれる総合商社である。

　芽吹きは秋。畑の隅っこや荒地のへりなど、陽あたりのよい場所にひょっこりと顔をだす。8〜16個のタマゴ型した小葉をかわいらしく広げ、ひょろりとしたヒゲも生やす。このヒゲ、実は葉っぱの一部で、ご想像のとおり、お仲間やご近所さんに巻きつくためにある。しかし、その年は小さいままですごし、2年目の春、チョウチョみたいなピンクの花を、それはにぎやかに咲かせてみせる。この時期になると、ほかの雑草では考えられぬほど、飛び抜けて多くの小動物が観察される。ダイナミックな生態系を堪能できるわけは、カラスノエンドウが、ちょっと変わった仕事をしているからである。茎から葉が生える基部に、花外蜜腺（かがいみつせん）という特別な器官をもつ。書物によれば、アリの軍団を誘い、守備隊にしようともくろんだとされるが、そんなはずはない。このアリが守っているのは、カラスノエンドウではなく、本種に寄生して栄養を掠め取っている大量のアブラムシたちだ。「失敗か？　おまえ、失敗したのか」と笑いたくなるが、なにかほかに秘策があるのかもしれない。冬眠から目覚めたスズメバチやアシナガバチも、ここに集まってくるのである（よって観察のときは注意したい）。

　多くの小動物たちに栄養を横取りされても、多くの豆が実り、緑のサヤがやがて真っ黒になる。太陽が輝く午後、「パチンとはぜる」といわれるが、とんでもない。突如、バチバチっと炸裂するのだ。この黒い豆が名前の由来となっているのだが、「うわっ！」とのけ反るほどの大爆発で、見ごたえも十分。当たると痛い。

第4章 蹴られても、踏みにじられてもひと花咲かすよ

マメ科
LEGUMINOSAE

カラスノエンドウ

Vicia angustifolia
var. *segetalis*

環境　陽のあたる荒地、空き地など
花期　3〜6月
背丈　ツル性

Point

ピンク色したチョウチョ形

小葉は8〜16個。かならず偶数

葉のつけ根にある黒い点は花外蜜腺。
ここからも甘い蜜をだす

暮らしぶり

すきあらばいたるところに生える元気者。黒熟したマメは真夏の昼にパチンと弾ける。おなじみのソラマメもこの仲間

根粒菌使い

本種も根粒菌を使役する一族。小さなうちから多くの菌コロニーが見られる。どの株を抜いても多数のこぶがあることから土壌が微生物の宝庫なのだと痛感させられる

ヘソクリひとつも楽じゃない
〜カラスビシャク〜

　畑の珍草をご紹介したい。

　多くの書物に「至るところに生える」とあるが、どうやらそうでもなさそうだ。とあるくだらぬ理由で、大量の**カラスビシャク**が必要になった。3日間、合計8時間かけて近所を探し回ったところ、小さな群落を3つ、大きなものを1つ見つけただけで、それぞれが遠く離れており、ひどく苦労した思い出がある。

　陽あたりがよく、肥沃な草地や畑に好んで生えて、初夏と晩夏に、それはおかしな花穂をにょっきりと伸ばす。花に見えるそれは、茎や葉っぱが変形したもので（**偽茎**（ぎけい））、花の本体は中身にある。とはいえ、受粉しなくともだいじょうぶ。

　カラスビシャクは、大きな3枚の葉をぺろんと開くが、その中心にデベソのようなものを実らせる。これが**ムカゴ**であり、ポロリと落ちればそこから発芽する。別名のヘソクリも、このデベソに由来している。

　やがて発芽し、栄養をそこそこ蓄えたものを半夏（はんげ）といって、漢方薬にされた。苦しい吐き気やつわり、つらい胃もたれや異物感を取り去ってくれる薬草として重宝されたようで、仕事の合間に集めて薬剤商に売ると、ちょっとしたヘソクリ稼ぎになったという。ただし、えぐ味となるフェノール酸やノドを刺激するシュウ酸カルシウム結晶も豊富なため、そのまま服用するとひどい目にあう。

　いまではヘソクリ探しも容易ではなくなったが、それだけに、たまたま出逢えたときの喜びはひとしお。プランターで育ててみたが、めんどうをみなくても、元気なヒシャクをぴょっこりとあげてくれた。本棚のヘソクリは増える気配すらない。水でもやろうか。

第4章 蹴られても、踏みにじられてもひと花咲かすよ

サトイモ科
ARACEAE

カラスビシャク

Pinellia ternata

環境　畑地、草地など
花期　5〜8月
背丈　20〜40cm

Point

仏炎苞は5cmほど。ひょろりと伸びたものは花の一部

葉は3つに分かれ中心にムカゴがつく

──ヘソクリの実力──
すぐれた吐き気止めのほか鎮痛薬として活躍。特殊な多糖類が迷走神経を調整、エフェドリンが中枢神経に干渉し血圧回復

暮らしぶり

土地を肥沃にすると嬉々としてやってくる。ひょうきんな姿を愛でているといくらでも殖えてしまう。難駆除雑草のひとつ

葉とムカゴ

白い宝珠のようなものがかつてヘソクリと呼ばれた。これが落ちると根を伸ばして殖える

都会の風情は田舎のため息
〜ツクシ〜

「つくしだれの子　すぎなの子」

　早春に、ひょっこりと、坊主頭が顔をだす。**ツクシ**は胞子をまくための特別な器官で、**スギナ**という植物の一部を指す。古来より国民的な人気者で、ツクシンボ、カンカンボウズ、ドコドコグサなど500以上もの別名をもつ。風情を愛していたのは、いつの時代も都の人間であって、田舎となれば事情がまったく違う。

　その生命力は、人智をはるかに超えており、一度生えると抜いても抜いてもキリがない。たいていは根元でぷつっと切れてしまうし、掘り起こしてもムダに終わる。賢明なるスギナ諸兄は先手を打っていて、すでに根っこを縦横無尽に走らせている。ツクシの収穫を怠った場合も、無数の胞子が世界にはばたいている。

　役に立つこともある。あなたの庭にスギナが生えたら、土壌が酸性に傾いている証拠。野菜を元気に育てるなら、有機石灰などでいくらか中和しておこうか——という目安になることも（※野菜の性質にもよる）。

　あるいは、猛烈な生命力に注目した活用法も。夏のスギナの葉茎を煎じて飲むと、腎機能を快復させる。利尿作用が高く、身体を洗浄する効果があるらしい。ロシアの調査団は、体内に蓄積した有害な鉛を排出させるといい、オーストラリアの生物学者はハーブティーの服用で、ガンの成長を阻害し、ついには破壊してしまうと報告した。もちろん即効性はなく、医師の指導が必要であるとしても、さまざまな形で研究され、期待されている雑草である。

　春のツクシは愛らしく、夏のスギナは涼やかな風情で草むらに揺れる。季節を彩る愛らしい山菜であるが、それもこれも自分の畑で見かけなければ、の話。

第4章 蹴られても、踏みにじられてもひと花咲かすよ

トクサ科
EQUISETACEAE
ツクシ（スギナ）

Equisetum arvense

環境　畑地、草地など
花期　2〜4月
背丈　ツクシ：10cmほど
　　　スギナ：10〜30cmほど

Point
早春真っ先にでてくる胞子茎ツクシ

ツクシのあとにでてくる栄養茎スギナ

——使用上の注意——
心臓や腎臓に疾患がある人、子ども、ニコチンに過敏な人の摂取は禁忌

ツクシんぼ
早春の草地に坊主頭をツンツンと立てる。乾燥すると花穂が開いて胞子を飛ばす。子どものころは佃煮などでよく食べた

スギナ
視線を下げると確かにスギ林を彷彿させる。こちらは光合成で栄養をたくわえ、根茎を伸ばして殖える

草むらのゲリラ
〜タネツケバナ〜

　それが無用かどうかは、扱う人によって決まる。このくだらない、どこにでも生える雑草も、大切な"季節時計"として重宝するのである。

　一般に「花期は4〜6月」とされるが、仕事熱心な彼らは、いつでも咲いてタネをつけている。なかでも白いお花畑となるのが4〜6月で、地面を這い回る私にとって手ごわい相手となる。背丈は10〜20センチと小さいながらも、放射状に広がる立ち姿はかなりかわいらしい。ぺんぺん草にも似た小花も、シルキッシュな光沢があって美しい。驚くべきことに、ほとんどの花が結実して、細長いサヤを空に向かってツンツンと突き上げる。これが茶色くなったとき、なにかが触れようものならパチン！　腹這いになって撮影すれば、顔中に散弾を受けるほか、あやうく目玉を撃たれそうになったことも。身じろぎひとつで八方からの機銃掃射。ぱちぱちぱちっ‼　実際たまったものではない。

　長いこと、無数のタネをつけるからタネツケバナ──知人の多くも同じように思っていたが、事実はまったく違っていた。

　いくつかの文献を紐解いてみたところ、
「昔、この花が咲くのを合図に、種モミを水に漬け、苗代を準備した」
とある。和名も「種漬花」とされる。

　よい収穫を楽しむには、タネまき、植えつけのタイミングがものをいう。その適期は思いのほか短く、人間の時計は使いものにならない。

　環境が激変する現代においては、季節の移ろいに合わせる昔の知恵が、いっそう重要性を増し、効果的であるように思う。

第4章 蹴られても、踏みにじられてもひと花咲かすよ

アブラナ科
CRUCIFERAE

タネツケバナ

Cardamine flexuosa

環境　畑、庭先、草地、道端など
花期　3〜6月
背丈　10〜30cm

Point

小さな白花を砂糖菓子みたいに並べる

褐色になった果実は炸裂を待つ

ミトン型した愛らしい葉を放射状に広げている

――flexuosa=曲がりくねった――
葉の姿をよく見るとなかなか変わった形をしている。表現するのが難しいため、この種小名は秀逸といえる

暮らしぶり

一度やってくると追いだすのは不可能。関東では一年中開花・結実して新芽をだす。それでもまんじりと越冬している子どもの様子は愛らしく、とても抜く気にはなれない

草むらの機銃掃射

うっかり踏み入ればバチバチっと撃ちつける。彼らは私みたいなうっかり者の動物を待ちかまえて繁栄に利用する。戦略は大当たり

あなたの鉢植え、開拓しませう
〜ジシバリ〜

　イワニガナ（岩苦菜）という別名がある。昔、食用にされたことがあるらしい。胃腸薬として使われたともいうが、たぶん、単純に苦いからであろう。われわれガーデナーにとっては、頭痛と腰痛のタネである。

　タンポポにそっくりだと誰もが思うのは、その花容ばかりではない。茎を切ると白い乳液がでる。やや湿った草地から乾燥した畑、あるいはコンクリートの割れ目など、育つ場所に文句をいわないおおらかさも同じ。

　ジシバリの仕事は、木枯らしが吹き抜ける晩秋に始まっている。陽のあたるところに、耳かきの先っちょのような葉っぱを放射状に広げる。2段から3段ほど、葉っぱの蒲団を重ねたところで、しみじみと冬ごもり。凍える冷気や降雪にもよく耐え、春になれば、温かみと愛嬌あふるる花々をポコポコと咲かせる。ちんまりとした葉っぱを重ね、ひょっこりと歌うように咲く姿は、春の野辺にぴったりの風情であり、家庭菜園やプランターにやってくるのはとんでもない筋違いであるといってやりたい。

　越冬の姿は本当にかわいらしく、コロニーで身を寄せ合うところなど「ああ！」と胸を打たれる。けれども「地縛り」というほどの精力家であり、ランナー（走枝）をだしては子株をこさえ、早ければ1週間で新芽をだすので強害草として嫌われる。

　それでも春の花としては逸品であり、写生や撮影では、ほかの草花との競演も一興。ガーデナーからのオススメは季節の一輪挿し。その場合、コロニーごと、根っこからがっつりもってゆきたい。ついでに花束用にオススメなのが、ヒメオドリコソウにホトケノザ、オオイヌノフグリやタネツケバナ——すべて差し上げます。

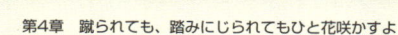

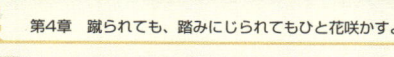

第4章 蹴られても、踏みにじられてもひと花咲かすよ

キク科
COMPOSITAE
ジシバリ

Ixeris stolonifera

環境　畑、庭先、草地、道端など
花期　4〜7月
背丈　10〜20cm

Point
タンポポを薄くスライスしたような花

丸っこい葉を放射状に広げる

——オオジシバリ——
ジシバリを大型にしたもの。葉が細長いへら形をしているので区別がつく。湿った草地や道端を好む。花期は4〜5月

暮らしぶり
陽当たりのより岩場や水辺を好む。耕作地の潜り込むと次々に子株をこさえるので迷惑がられる。農家は大変だが、春の野辺に欠かせない

近縁種 オオジシバリ
Ixeris debilis

大型種といわれるが、サイズはそう変わらない。花もそっくりなので葉で区別。長いへら形をしているのが本種。4月の小さい時期はなれた人でも混乱する

冬鳥と雑草の「春の祭典」
〜スズメノテッポウ〜

　スズメノヤリ、スズメノマクラともいうが、やたらとスズメに縁がある。

　田起こしが始まる前、寝ぼけまなこの水田は、雑草のお花畑となる。スズメノテッポウも、元気よくツンツン頭をのばしては、春のそよ風に歌うように揺れる。なるほど、これを肩に抱いて歩くスズメたちの姿を想像すると、なんともほほ笑ましい心もちとなる。

　西洋では見立てが違う。属名の*Alopecurus*は「狐の尾」という意。大きさが30cmほどしかなく、花穂にいたっては10cmにも満たないスズメノテッポウには、いささか大げさであろう。調べてみると、オオスズメノテッポウというものも棲んでいた。優秀な牧草としてヨーロッパから輸入されたのが、いまではすっかり野生化しているらしい。オオスズメノテッポウの場合、1メートルに育つことがあるといい、スズメに抱げるような代物ではなくなり、西洋の「狐の尾」が妥当するであろう。

　スズメノテッポウは、それ自体も愛らしいが、小さな命たちの循環の象徴でもある。彼らが生き生きと茂る時期、陽気に誘われた小さな生き物たち（虫やカエル）の楽園ともなる。ここにスズメの団体様がやってきては、チュンチュンとついばみながらテッポウの穂を揺らす。風に花粉を乗せねばならぬスズメノテッポウにとって、スズメたちは命の恩人。さらにシジュウカラ、ジョウビタキ、ツグミなどが混じって、いっしょに食事を楽しむため、ひときわ華やか。まもなく長い旅路につく冬鳥たちも、これが見納め。このむつまじい小さな春の祭典は、きっとあなたを満足させてくれるはず。

第4章 蹴られても、踏みにじられてもひと花咲かすよ

イネ科
POACEAE

スズメノテッポウ

Alopecurus aequalis

環境　田んぼ、湿った草地など
花期　4〜6月
背丈　20〜40cm

Point
花序の長さは5〜10cm弱

花粉をもつ葯はクリーム色で花粉をだし切ると褐色に変わる

──オオスズメノテッポウ──
牧草用として導入されたものが野生化。背丈が50〜100cmにもなる大型なので区別がつく。花期は4〜5月

花
小さな花から3mmほどの葯がぶらりと下がる。イネ科の花は花粉を風に乗せるだけなので簡素なものばかり。それでも稲の花を見ると、これがお米に変わるのかと誰もが不思議に思うはず

暮らしぶり
田起こし前の水田にいつの間にか育つ。この時期の水田は雑草の展覧会となり、ひときわにぎやか。飽きることなく楽しめる

お持ち帰りは大歓迎
〜イラクサ〜

「三年疼き」というのは、山陰地方に伝わる別名。

扁平で、丸みを帯びた大きな葉。道端から山野の裾野まで、いたるところで生い茂る**イラクサ**は、気にもされない凡庸な雑草。ところがこれに触れたものは、二度と忘れられなくなり、見るそばから注意を払うようになる。

その茎には小さなトゲがならんでいて、これが非常にもろい。ちょっとした刺激でポロリと取れてしまう。あなたの高価な衣服を傷めないようにという心づかいではない。植物の多くはその身を守るべく、トゲはしっかりと茎に抱いていて、簡単には取れないようにしている。イラクサは狡猾な企みでもって、わざと取れるようにしている。

『和漢三才図会』という古い書物にはかく記されている。

「人が触れると蜂やサソリの毒に刺されたようになる……この毒は小便をそそげば癒える。茎葉を揉んで水中に投じると魚が死ぬ」

毒のトゲは、ひっかくより、天敵の体に刺したほうがよい。ハチの毒針と同じで、動物にくっついたほうが、筋肉の収縮運動によって食い込む。少しでも長い時間をともにすることで、相手に摂取させる毒の量も倍増する。

もちろん、おしっこではどうにもならぬほどの、ひどい痒みや痛みがジンジンと続く。希少な山野草を求め、うかつに藪こぎ（草間に分け入る）でもしたら大事にいたるので注意されたし。

こうした毒をもつものは、使い方次第で薬にもなる。イラクサも民間薬とされた話を聞くが、医者が絶滅して、地球上にイラクサしかない状況でもないかぎり、あえて使う必要性はまったくないだろう。

第4章 蹴られても、踏みにじられてもひと花咲かすよ

イラクサ科
URTICACEAE

イラクサ

Urtica thunbergiana

環境　山地や丘陵地の木陰など
花期　9〜10月
背丈　40〜100cm

Point
茎は四角。トゲがズラリと並ぶ

幅広の葉の縁は粗いノコギリ歯のように切れ込む。たいてい虫に喰われて穴だらけに

——三年疼きの元凶——
トゲの根元には液体の入った袋がつく。かつては蟻酸とされたが、ヒスタミンやアセチルコリンなど痛覚伝達物質が入る

暮らしぶり
涼しげな木陰などに茂みをこさえる。この仲間はトゲで武装するのが基本。環境によってトゲがないものが優占種になることが知られている。生存戦略は柔軟性に富んでいる

近縁種 ヤブマオ *Boehmeria longispica*
遠めでみるとイラクサに似ているがイヤらしいトゲはなく無害。そこらじゅうに生える。花期は8〜10月。団子状に咲くので区別できる

もうどうにも止まらない
〜ヒメムカシヨモギ〜

　それこそ見た目がそっくりで、性格や好みまでよく似ているのに、人生の結果はまるで違う。生命が歩む道のりは、実に味わい深い。

　いまでは使用が禁止されている薬剤に、パラコートがある。この無慈悲な除草剤はたいした役目を果たし、そこらじゅうに顔をだす**ヒメムカシヨモギ**もバタバタと倒された。1980年、大阪で新しい群落が発見される。2年後には、パラコートの散布で雑草たちが死屍累々となったところに、嬉々としてヒメムカシヨモギが侵入。あっという間に大群落となった。ほんのわずかな時間で**薬剤耐性**を獲得したのだ。さらに驚くべきは、新薬が開発されるごとに耐性を身につけていること。とんでもないエイリアンである。

　秘密の戦略はまだある。この植物、ふつうは一年性といわれるが、実際は「**一年性**でもあり**越年性**でもある」といったやっかいな暮らしをしている。春に芽吹いたものは、夏に大きな株に育ち、10〜100万個のタネを風に乗せる。こうして春に発芽し、年内に枯れてしまうものを一年性というが、本種の場合、夏にまかれたタネが秋に発芽し、年を越す。ときには、わずか10センチたらずのチビ株が秋に開花して、冬にもタネを飛ばすこともある。どれだけ殖えれば気がすむのであろうか——。

　一方、あまりにもそっくりなものに**オオアレチノギク**がある。実にふてぶてしそうな名前であり、タネの数も100万に達するが、秋に開花することはできず、低温と乾燥に弱く、進軍速度はヒメムカシヨモギにおよぶところではない。特に北陸・東北地方では明らかに負け組みとなっているが、関東以西にあっては比べるのがバカらしくなるほど仲よく茂っている。勘弁してほしい。

第4章 蹴られても、踏みにじられてもひと花咲かすよ

キク科
COMPOSITAE
ヒメムカシヨモギ

Erigeron canadensis

環境　道端、草地、荒地など
花期　8～10月
背丈　100～200cm

Point
ひと株で莫大な数の花を咲かせ綿毛を飛ばして繁栄する

茎にはまばらに毛が生える

──難題：アレチノギク──
上級者向き。オオアレチノギクとそっくりであるが、下部の葉が羽状に裂けるので区別できる。花期も早く5～10月

ヒメムカシヨモギ

オオアレチノギク

🌼 暮らしぶり
分別なく潜りこんでは繁殖するので嫌われる。右の写真とよく似ているが花を見れば一目瞭然。白い花弁がはっきりしているのが本種である

🌼 近縁種　オオアレチノギク　*Erigeron sumatrensis*
なにからなにまでそっくりであるが、花弁が糸状に縮れているので区別がつく。あるいは茎をみると白い毛が密に生えている点も違う。花期は7～10月にかけて

女たちの夕化粧
〜アカバナユウゲショウ〜

　初めてお目もじしたのは、わが家の側溝。掃き掃除をしていたら、側溝の割れ目で花を咲かせていた。小さいくせに、ピンクがかったバラ色がひときわ鮮やか。種小名にある*rosea*も「ばら色の」という意味。

　道理でかわいいわけである。明治のころ、観賞用にわざわざ南アメリカから輸入された品種だという。いまでは公園や道端など、いたるところで野生化しており、道行く人々を楽しませている。

　夕化粧とは小粋であるが、いささか誤解も生じている。書物の多くに「夕方に咲くから」とあり、ときには「朝に咲き、昼にしぼむ」ともいわれるが、どちらも正確とはいえない。いつ化粧をするのかといえば、ちょっと買い物をするだけなのに、30分も鏡に向かう女性と同じく、本人の気分としかいいようがない。化粧を落とす時期もまちまちで、数日ほど落とし忘れていることも。この点、同じグループに属するマツヨイグサ（待宵草）たちは、ちゃんと夕暮れになってから化粧をはじめ、早朝には落とす（しぼむ）習性をもっている。

　アカバナユウゲショウほどではないけれど、庭先から逃げだしたものにヒルザキツキミソウ（昼咲月見草）がある。道端や耕作地の近くで、淡いピンクの花を、盃のようにぽんぽんと咲かす。これは朝と昼に咲いている。

　同じ仲間であるのに、違いがあるところがなんともおもしろい。

　女性が化粧をするのは戦闘準備である。花にしても、自分好みの獲物に合わせてやる。日中に仕事をするものは、かわいらしい赤やピンクで獲物を誘う。夜のものは黄色のドレスで暗闇に輝き、濡れた蜜の香りをたなびかせ——擬人化すると、ゾッとする。

第4章 蹴られても、踏みにじられてもひと花咲かすよ

アカバナ科
ONAGRACEAE

アカバナユウゲショウ

Oenothera rosea

環境　道端、草地、公園など
花期　5〜9月
背丈　7〜65cm

Point
鮮やかなピンクの花弁が目立つ。柱頭は太く手裏剣のように開く

葉は細長いへら形で縁がゆるやかに波打つ

――かわいいと得をする――
本種は南アメリカからの帰化植物で侵入者である。キュートな姿で駆除の魔の手から逃れているので問題視されることも

近縁種　ヒルザキツキミソウ *Oenothera speciosa*

月見草といいながら真っ昼間から咲き誇る。カップ咲きの花は直径5cmと大きく次々と開花する。淡いピンクのグラデーションも可憐。花期は5〜7月。住宅地の道端に多い

暮らしぶり

どこからともなくやってきてコンクリートの隙間でも元気に花を咲かせる。あまりにも意地らしいので、わが家では好きに茂らせることに

由緒ある草むらのミカン
～コミカンソウ～

　初めて出逢ったとき、腹を抱えて笑い転げたものである。男性ならばやはり笑い、女性はカワイイといった嬌声を上げる。コミカンソウは、夏のひそかな人気者。

　見た目はどこかオジギソウに似ている。それもそのはず、朝早くに逢いにゆくと、葉っぱは寝ぼけたような半開きで、陽が昇るにつれて全開に。日暮れにはふたたび閉じるといった就眠運動をする。ちなみに指でこすっても寝ない。

　花期は7月～10月にかけて。葉っぱの合間に、小さな花がきちんと整列して並ぶ。茎の先端側に並ぶのが雄花であり、中央部から茎に向かって雌花が咲く。

　やがてこれが結実すると――なんとも愛らしいちびミカンの大行進となる。ひと枝に鈴なりになるので、全草をながめると壮観。秋風にコロコロと揺れる姿は愛嬌にあふれ、いっぺんで好きになること請け合い。庭に植えたいという女性の気持ちもよくわかるが、始末に負えなくなるのが目に見えている。オススメはしないが、自分の庭でなければコミカン祭りも観たい気がする。

　かわいいばかりではなく、『本草綱目啓蒙』にもでてくる由緒も正しき薬草で、珍珠草、狐茶袋という名で解毒剤とされていた。庭先や畑でいくらでも採れたであろうから、さぞかし便利であったことであろう。こんな実をつけられては、食べてみたくなるのが人情であるが、あなたが試す価値は、いまのところ、ない。

　ちびミカンたちは、やがて頬を染めるがごとく真っ赤に熟す。この夏が、そろそろ仕事納めに入ったのだとしみじみ想い、息苦しいまでの蒸し暑さも懐かしくさえ思えてくる。

トウダイグサ科
EUPHORBIACEAE
コミカンソウ

Phyllanthus urinaria

環境　畑、草地、公園など
花期　7〜10月
背丈　10〜30cm

Point
ちびミカンは葉柄の付け根に並ぶ

オジギソウに似た葉。よく見るとキレイに互い違いに生えている

——マメ科に似てる？——
葉の風合いがクサフジやレンゲと似ているが、あちらは複葉（小葉が集まったもの）で、こちらはおのおのが独立した葉である

暮らしぶり
道端や畑にひょっこりと生えてくる。見つけるそばから引っこ抜いても、なぜか減らない。見た目より気骨のある雑草である

ちびミカン
ちびミカンは直径3mm未満。はじめはグリーンで熟すにつれて赤味と凹凸を生じるようになる

またの名を「小僧殺し」
〜メヒシバ〜

　ある意味、あまりにもそこらじゅうにあるために、この草に名前があるのと驚く人もある。けれども「メヒシバ（雌日芝）というのですよ」と教えても、感動も感心もされない。そんな草であるため、原稿を書くのもひと苦労……、でもない。

　とにかく、踏んでも蹴っても、刈っても抜いても、生えてくる。ガーデナーや農家にとっては無間地獄の獄卒どもであり、「引っこ抜くほどに殖えてやしないか？」とまで囁かれる。

　江戸の昔、丁稚奉公を始めたばかりの小僧は、使い走りと掃除に精をだした。草むしりも役目であったが、なかでもひどい目に合ったのがこれ。ほかの用事をしているうちに、あるいは店の前を片づけている間に、別の場所から、いくらでも生えてくる。目ざとい旦那衆に見つかれば、たちまちどやされる。一名「小僧殺し」という別名がついた。これはいまでも変わらない。

　よく耕された畑から、ほどよく放置された道端や学校のグランドなど、メヒシバは生える時と場所をいっさいわきまえない。真夏の熾烈な紫外線を浴びても、ひどい乾燥や湿気に襲われても、頭にくるほどへっちゃらな様子。しかも気づかぬうちにタネをさえ、このとき引っこ抜いてもタネまきを手伝うはめになる。

　悪いことばかりではない。

　意外なことに、根っこは浅い。ちょいと引っ張れば、バリバリと抜ける。なかなか爽快で、初心者に仕事を頼むと楽しそうにやってくれるのだ。ひとまず、これがずっと続くということは、絶対に教えない。庭園の究極は、草むしりに始まり、それで終わる。これを知ると、たいていは逃げてしまうのでありまして。

イネ科
POACEAE
メヒシバ

Digitaria adscendens

環境　道端、畑、空き地など
花期　7〜11月
背丈　30〜90cm

Point
茎の先端から3〜8本の花穂を伸ばす

葉が茎を抱く箇所にまばらに毛が生える（本種の特徴）

——世界屈指のやんちゃもの——
本種は世界中に分布。国境も民族も関係なくみんなでプチプチと抜いているが、ちっとも減らぬ。史上最悪の雑草のひとつ

暮らしぶり
土と隙間があるところメヒシバあり。生育環境に合わせて変異・交雑するため厳密な識別は難しい。あれこれ考えるより見つけたそばから脊髄反射で抜くべし

近縁種　オヒシバ *Eleusine indica*
メヒシバに比べて力強いのでその名がついたが、系統的にはちょっと離れている。これまた際限なく殖えるため、観察して覚えたならありがたく拝んで即刻引っこ抜く

ネコジャラシ四題
〜エノコログサ〜

　友人の仔猫に試したところ、驚くほどの大ハッスルであった。これが10歳の猫ともなれば、いくら振り回しても相手にされず、やがては「まったくもう」と、あしらうように片手をちょんとだす。こっちがジャラされた。

　エノコログサといってもピンとくる人は少ない。知っている人でも「エノコロ」がなんであるのかわからない。

　英名ではフォックステールグラスといい、あちらの人はキツネの尻尾をあてたようだ。

　日本人はイヌの尻尾がしっくりきたのであろう、狗草(えのころ)となった。地方によってはネコジャランボ、ケムシなど、まったく違う生き物をあてることもある。

　のんびりとした、平和そうな姿は触らずにはいられず、ひとたび撫でれば恍惚とし、ついつい撫でまわしてしまう。誰しもそんなご経験がある、不思議な触り心地。実はエノコログサも喜んでいる。撫でているうちに、白ゴマみたいに熟したタネが、ピョンと弾けて飛んでゆく。

　さて、やや大きめの尻尾を見つけることがあるが、こちらは**アキノエノコログサ**という種族。秋とあるが、夏に尻尾を振るので同じ時期に見られる。エノコログサの穂は直立することが多いなか、アキノエノコロはくったりとな垂れることが多い。

　色彩が美しいものもある。尻尾の毛がゴールドに輝くものは**キンエノコロ**。深みのあるワインレッドの尻尾は**ムラサキエノコロ**という。これらは花材・クラフト素材として人気が高く、苗やドライフラワーが販売されているが、駐車場や歩道の割れ目からでも収穫できる。一輪挿しに、食卓に飾っても心がなごむ。

第4章 蹴られても、踏みにじられてもひと花咲かすよ

イネ科
POACEAE

エノコログサ

Setaria viridis
var. *minor*

環境　道端、畑、空き地など
花期　8〜11月
背丈　30〜80cm

Point
花穂には無数の毛が生えているが、これは小枝が退化したもの

茎はつけ根で分岐していったん倒れる。上部だけがすっくと立ち上がる

──実は短命──
いつでもどこでも茂っているが、親株の寿命は冬までである（一年性）。つまり毎年天文学的なタネが芽吹いている

暮らしぶり
たいていの場所でうれしそうに尻尾を振っている。本家本元のネコジャラシは写真のとおり、花穂が上を向く。秋にくったりとうなだれているのはアキノエノコログサ

近縁種
エノコロには地域や環境によってさまざまな種類がある。上はキンエノコロ、下がムラサキエノコロ。いずれも8〜11月に見られ、クラフトやアレンジメントの花材として人気がある

遭難を救った大名行列
〜オオバコ〜

　相手にするとやっかいだが、その生命力は不思議に満ちている。

　種名のPlantagoとは「ラテン語で足跡を意味します」というと、「はて？」と思われる方が多い。実のところ、これほどピッタリな名前もない。

　学校のグランドから公園、川原のガレキの間など、どういうわけでか、金属性のスコップすらガチンと弾く固い土に好んで生える。美化運動などの除草作業では、おなじみの難敵。広い葉っぱをひょこひょこと広げるため、日本では大葉子（おおばこ）というが、漢名では車前といって、茎と葉は車前草、タネは車前子（しゃぜんし）として咳止めや去痰の漢方薬にする。どこにでも生えるため、日本でも重要な薬草として大切にされてきた。

　春と秋、オオバコは槍のような花穂をツンと立て味わいのある花を咲かせる。やがて実るタネは、やや粘り気があり、これが道を行くあらゆるものにくっついて移動する。ひとたび芽をだすと、驚異的な豪腕と、想像を絶する根気でもって、岩のように硬くしまった土の深みへと潜ってゆく。こうなれば踏みつけられてもびくともしない。そのせいもあろう、あるとき、山の深みで遭難した人がいた。道端でオオバコを見つけると、これをたどって歩いてゆき、人里に着いた——そんな話があるほど、オオバコは踏み固められた道にずらりと大名行列をつくる。

　これほどおなじみの植物であるが、多くの植物が嫌う硬い土壌に、いったいどうやって適応しているのか、よくわからない。そしてこれほど屈強な植物であるのに、発芽期に、薄い緑色のセロファンをかぶせて光を少なくすると、発芽できなくなるという。見た目と違い、その性格は、意外と繊細であった。

オオバコ科
PLANTAGINACEAE

オオバコ

Plantago asiatica

環境　道端、公園、空き地など
花期　4〜9月
背丈　10〜20cm

Point
花穂から白い小花をぶら下げる

葉は地面にへばりつくように広げる。数本の葉脈が浮きだし、全体がゆるやかに波打つ

――― 弱者の決死の選択 ―――
背が低いオオバコは、草むらでは負け組み。他種があっという間に育ち陽光を奪う。そこでほかの連中が暮らせない場所に進出した

暮らしぶり
グランドや車道など苛酷な場所で暮らす。チビ助だが細い根っこを網目状に伸ばして硬い土をつかむので抜けない。仕方なしに花を愛でると、なかなかおもしろい

近縁種　ヘラオオバコ
Plantago lanceolata

渋滞が続く灼熱の中央分離帯など、とんでもなく苛酷な場所を好む。春には輸入芸種みたいな、ひょうきんな花穂を上げ、にぎにぎしく咲く

競争は苦手。果報は寝て待つ
〜コニシキソウ〜

　コニシキソウは、「日本全国いたるところで見られる」と解説される。けれども、そもそもあんなものが「なんでそんなに生えているの？」と疑問に思ったのは、私だけではないはず。

　陽あたりのよい草地や畑にゆけば、かならずぺたんと伸びている。愛らしくも小さな卵型した葉には、筆でさっと刷いたような赤紫の彩がある。茎も赤紫をしており、なかなか目立つやつで、目につくそばから除草される。すっぽりと、簡単に抜けてしまう。

　ひ弱で、どうしても背丈を伸ばせぬため、彼らが暮らせる場所はかぎられてしまう。それでも成功しているのは、長い眠りと、庭を横切る小さな黒い影のせいであった。

　ああみえて、コニシキソウはタネで殖える。では、そもそも花は咲くのか？　1年中、除草に追われているプロのガーデナーでも、花を知っているものはいない。初夏のころからコオロギの恋の季節まで、それはひっそりと開花している。ただし地面に這いつくばらなければ、真実までたどり着けない。きわめて小さな花は、はっきりいってボロクズである。けれども葉茎の合間にちょこちょこと並べ、甘い香りでアリンコを誘っている。連中が受粉を助けていたのだ。やがて転げ落ちたタネは、砂にまみれ、風に転がされ、辺りにまかれる。いつかあなたが耕すことを願い、そのときまでじっと眠る。「果報は寝て待て」を実践したおかげで、畑をつくるとセットで生える次第である。

　もうひとつ、身を守る盾がある。これをちぎると乳液のようなものがでる。マクラトールなどが含まれ、皮膚につくと炎症を起こすので、あまりいじめないほうがよい。一度くらい、花を愛で、小さな営みを感じてみるのもいかがであろうか。

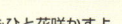

トウダイグサ科
EUPHORBIACEAE

コニシキソウ

Euphorbia supina

環境　道端、畑地、空き地など
花期　6〜9月
背丈　ぺったりと地を這う

Point

葉の中心に筆で刷いたような暗紫の斑紋がある

葉の付け根の合間に極小の花が咲く。わざわざ見る人の気がしれないほど、どうでもいい花

――在来種ニシキソウ――
侵入種のコニシキソウとそっくりで生育環境の好みも同じ。茎が明るいレンガ色で葉に斑紋がない。最近は圧倒され気味

暮らしぶり

土地を耕すとセットで生えてくる雑草のひとつ。株元をつまむと簡単に抜けるが、次々と生えてくる。かぎりなく地味な花はアリンコが愛してやまず、好んでまとわりつく

近縁種　オオニシキソウ *Euphorbia maculata*

こちらは豪快に立ち上がりブッシュとなるタイプ。10年前は中部以西にいたが、いまは北関東圏でも道端でふつうに見られる。花期は6〜10月

マニック・マンデー（それは憂鬱な月曜の朝）
〜ノブドウ〜

「民さんは野菊のような人だ」という台詞は、ほめ言葉に使われた。「あなたはノブドウのような人でありますな」と言われたら、とんでもない悪口になろう。

名前はよく知っていても、実際に見たことがある人は少ない種族であろう。あなたが初めて出逢ったとき、私と同じように落胆するに決まっている。イメージとはまるで違い、その第一印象は「こ汚い」につきる。

散歩の道すがら、生垣やフェンス、あるいは林のへりで、いやにすすけたツル植物を見かけたら、きっとノブドウに違いない。鳥の足跡みたいな葉は、ほぼ例外なく、黄ばんだりサビついたように縮れている。夏の終わりともなれば、どのノブドウも、月曜日の朝の出勤風景のように、生気を失い、疲れきっている。若々しく茂っている姿など見たことがない。思えばブドウ類は、すべてがそんな感じである（茎の中に虫が入るためであろう）。

見た目こそくたびれているわりに、せっせと花を咲かせ、多くのブドウを実らせる。ライム、翡翠、マリンブルー、ワインレッド――カラフルな果実がにぎやかにぶらさがるため、誰だって思わず手を伸ばしたくなる。あなたにしても、ひときわ大きく実ったものを選ぼうとするのだ。そういうものにかぎって、ノブドウミタマバエなどのお子様が入居している。入っていなくとも、そもそも食えない。

使い道は皆無に等しく、観賞価値もきわめて低い。

ただ、「イメージを裏切られた！」という意味で覚えやすい植物で、きっとあなたも、誰かをがっくりさせたくなる。

第4章 蹴られても、踏みにじられてもひと花咲かすよ

ブドウ科
VITACEAE

ノブドウ

Ampelopsis brevipedunculata

環境　林縁、野原、道端など
花期　7〜8月
背丈　ツル性

Point
葉は互生し巻きひげは葉と対生する

星型の花はヒスイ色。5個の黄色い雄しべとのコントラストは美麗

——マニアの一興——
葉にはいくつかの変異がある。切れ込みが深いものをキレハノブドウ、毛がないものはテリハノブドウと区別することも

暮らしぶり
雑木林のヤブのなかで絡みついて伸びる。恐竜の足みたいな葉はやたらと煤けているため、近縁種との区別に役立つことも

それはカラフル
淡いグリーンから熟したイチゴ色まで——。駄菓子屋のあめ玉みたいな果実をたくさん実らせる。食えないというのが口惜しいほど。相当にまずいらしい——

カワイイも、のど元すぎれば
〜スズメウリ〜

　この世の中、カワイイと得をすることが多いらしい。いつもなら、残虐無比、十把ひとからげに引っこ抜いているのに、果実の時期になると、女性たちはたちまちこれを愛し始めるのだ。

　陽あたりがよければ生える場所を選ばない。ひょっこりと芽をだしたらば、元気よく地面を這い回り、樹木や垣根をよじ登り、恐竜の足跡みたいな葉っぱをペロンと垂らす。カラスウリとそっくりであるが、あちらの葉には奇抜なサイケデリック模様があるので区別がつく。

　スズメウリは真夏の昼に咲く。これがまた愛くるしい。ジェリービーンズのようにぶっくりと太った子房の下に、白い小花がぽっこりと咲く。これが次々と開花しては結実するため、最盛期は祭り飾りのようににぎやかとなる。

　果実は直径1センチほどの球形で、ときに涙型したものもある。晩夏になると、ツル全体に等間隔で果実が並び、ぷらりぷらりと風に揺れる。こうなると、女性の「カワイイ！」をたっぷりと刺激するのであるが——それも長くは続かない。

　果実がわれて、タネが飛ぶ。こうして畑や庭先に入ってくるわけであるが、親のほうも変わった仕事を始める。果実が熟して灰白色になるころ、ひたすら頂上を目指していたツルの一部が地面に向かってヒゲを伸ばす。地面に潜って、ぬくぬくと越冬するつもりらしい（カラスウリも同じことをする）。地面のなかで塊根をつくり、春を待つ。

　幸いなことに、女性の流行は、短く、はかない。春にはすっかり忘れて引きちぎる。秋になれば、「これ、なんでしたっけ？」ともってくる。もはや季節の行事となった。

ウリ科
CUCURBITACEAE

スズメウリ

Melothria japonica

環境	道端、草地、公園など
花期	8〜9月
背丈	ツル性

Point
恐竜の足跡のような葉

珠の果実をぼんぼりのようにぶらりと下げる。熟すと白く変わる

基本的には一年性
親株の寿命は一年で冬を迎えると枯れる。本文にあるとおりツルが地面に潜って越冬するため、結局は翌年も茂る

暮らしぶり
林縁のちょっとした茂みによく生える。縦横無尽に伸びては多くの花を咲かす。しばしば耕作地に侵入しては迷惑がられる

花と果実
ふだんは目立たぬが、最盛期の盛り上がりは見事。そこらじゅうで開花して多くの実りをつける。どこもかしこも愛くるしいため女性に人気

あなたそれ、買うですか!?
～タケニグサ～

　名曲スカボロー・フェアにでてくるローズマリーにタイム。地中海地方では荒地に生えるただの雑草で、日本の園芸店で値札がついているのを見たらさぞかし驚くだろう。とはいえ日本の雑草も向こうで売られているのだからトントンといったところか。

　そろそろ梅雨が明けようというころ、すっかり放置された荒地や道端で、やたらに威勢よく葉を広げ、グングンと伸びるやつがいる。タケニグサの季節がやってきた。7月中旬ほどから、さらに花穂を伸ばしては、さながら提灯行列といったぐあいに、ものすごい数の白花を飾り立てる。野球のグローブみたいな葉は、一度覚えたら忘れられない。表側がシックなモスグリーンで、裏側は粉をふいたようなシルバーリーフ。夏の陽射しによく映えるツートンカラーで、均整のとれた姿態とあいまって、とても美しい。育つ場所にわがままをいわず、花つきが派手で、どーんとでっかく育つため、派手好きな西洋人には好まれたようだ。伝統的なイングリッシュガーデンなどに植えられることもある。

　植えてどうするのだ、というのが正直な話。クズやドクダミと同じように、頼んでもいないのに「これでもか！」と繁栄する。ムシたちがやたらと受粉してくれるため、小さなエンドウみたいな果実が鈴なりとなり、やがてそこらじゅうから芽をだす。ローズマリーやタイムなどとは、まるでわけが違うのである。

　庭園で2メートルにも育った写真を見るたびに、「やあ、難儀なことですな」と密かに笑うことにしている。もちろん向こうだって、「わざわざ石灰をまいてラベンダーを？」と腹を抱えているに違いない。そもそもガーデナーという珍種は、ひどく偏屈なくせに、愛想笑いだけは上等。意見が合うことなど、ありえない。

ケシ科
PAPAVERACEAE
タケニグサ

Macleaya cordata

環境　陽のあたる荒地、空き地など
花期　7～8月
背丈　100～200cm以上

Ⓟoint
線形の花弁に見えるのはすべて雄しべの葯である。花弁はない

大柄なアジアンテイストの葉はバイカラー。表が緑で裏がシルバー

──ケシの仲間ですから……
植物体には独特のアルカロイドを含むものが多い。クサノオウと同じく本種も茎を切ると赤茶色の乳液をだす（有毒）

🌺 暮らしぶり

道路の道端から荒地でよく茂る。ほかにはない迫力と荘厳な姿でナチュラリストを魅了する。夏の景色によく映える

🌺 花と果実

花の様子は夜空を飾る大輪の花火。とても数え切れぬほどよく咲き果実も鈴なりに。花と実はどちらも花材やクラフト材として人気がある

幸せは、3年目の旅にありて高砂のォ
〜タカサゴユリ〜

　ともに生まれ、生きて、老いる。これほど幸せなことはない――結婚式で謡われる謡曲『高砂』には、夫婦が長く睦まじくあれと、イザナギ・イザナミからの願いが込められているそうだ。

　陽射しの強い7月から10月にかけて、高速道路、国道沿い、駅前の植え込みなど、驚くような場所で美しいユリ畑を見かける。タカサゴユリである。

　園芸店でおなじみのテッポウユリに似ているが、花がひと回りも大きく、ひとつの茎から5個、多い場合は10個も咲かせる。山陰地方では、ひと茎から50個の花を咲かせたものがある。どこまで元気なのかといいたくなるほど、タネつきもよく、風まかせに旅をして、どこであろうとも文句もいわずに小さな芽をだす。初めての年は小さいまますごし、塊根にしみじみと貯蓄をする。翌年から一気に頭をもたげ、ひどい荒地に清楚な花畑をつくってしまう。在来種のテッポウユリと簡単に交雑するので、人間も嬉々として手を貸しては、やたらな変種がそこらじゅうに生え、研究者と観察者をひどく悩ませる。そもそもは遠く離れた台湾の出身であるが、大自然と人間の手を借りながら、日本の在来種とそれは睦まじい暮らしを楽しんでいる。それも3年が限度であることを、私は知っている。いつまでも同じ場所で、同じ顔を見て暮らすのが辛抱ならぬようで、「高砂や、この浦船に帆を上げて」という歌詞どおり、すぐさまタネを飛ばして旅にでる。

　高砂には、どんな困難があろうとも、人はめでたいところに納まるという意味もある。タカサゴユリの場合、3年目の旅がそうなのかもしれない。彼らにつけられた高砂は、琉球語で「台湾」という意味しかないけれど、学ぶべきことは、なんだか多そうだ。

ユリ科
LILIACEAE

タカサゴユリ

Lilium formosanum

環境　道端、駅前、歩道の花壇など
花期　7〜11月
背丈　50〜150cm

Point

花色は白をベースに赤紫のラインが入ることが多い。大きさはテッポウユリよりひと回りも大きい

別名ホソバテッポウユリ。葉が細長いことも特徴

——花粉で見分ける——
自然交雑するため識別が難しいことも多い。テッポウユリの花粉は黄であるが本種は赤褐色

暮らしぶり

人生の大半をジプシー生活ですごす。根を下ろした先に同属がいれば、よい遺伝子を頂戴して旅にでる。街中で群落が出現しても、数年で徐々に旅立ってゆく性質がある

花

上述のとおり、見た目での識別が難しい中間種（交雑種）が多い。ここで掲載した写真もタカサゴユリと思われる一種として挙げた

赤だけが消えゆく珍変動
〜シロザとアカザ〜

「このへんにシロザはありませんか?」
「私、アカザを探しているのですが」

いまから数年前、やたらとこんな質問を受けたことがある。どちらも平凡な連中で、草地や耕作地によく生える。それを教えたところ、「どうしても見つからないのです」と言う。見るからに、うん十万円もする高級カメラをもっていたりするので、理由を尋ねてみた。決まって言葉を濁すので、真意はいまだにわからない。

トンチ問答のような話をすると、シロザはアカザ科に属するが、アカザはシロザが変化した変種である。どちらも古い時代にやってきて、食用に栽培されたという。いまではすっかり野生化しているため、見かけるたびに引っこ抜いているが、若葉はもちろん、花や種子まで食べられるという。

見分けは実に簡単で、図版のとおり、てっぺんに色がついているので間違えようもない。葉っぱや花の形も風変わりであるので、目が慣れてしまえば、草むらに潜んでいてもすぐにそれとわかる。道端や街路樹の根元などにも住んでいるが、畑地や庭園の隅っこなど、肥沃な土地に好んで棲みつく。プロのガーデナーでも、それがなんであるか、知らないまま引っこ抜く(知ったところで引っこ抜くのは変わりがない)。それほどシロザとアカザは、かつての栽培植物の地位を失っている。

とかく質問が多かったので、久しぶりに近所を探してみることにした。驚いたことに、アカザがさっぱり見つからない。ようやく道路わきで出逢えたが、それ以降も、ポツポツとしか見つからぬ。シロザはどこにでもいるのに、アカザになにが起きたのであろう。あなたのご近所はいかがであろうか。

第4章 蹴られても、踏みにじられてもひと花咲かすよ

アカザ科
CHENOPODIACEAE

シロザ

Chenopodium album

環境　畑地、空き地、道端など
花期　9〜10月
背丈　50〜150cm

Point

シロザの若葉には白い粉が吹く。
アカザでは赤い粉

葉は5枚の小葉からなる

――コアカザ――
はてしなく地味な花であるが、大型で獰猛なスズメバチやアシナガバチなどが常連客で居座っている。除草の際は要注意

①アカザ　②シロザ

シロザ

畑地や庭園に多く見られる。写真は花期のシロザ。この花を知る人は少ないと思う。不思議な姿でおもしろいが、なにしろ地味。咲いても気づかない

アカザ *Chenopodium album var. centrorubrum*

上の写真は紅葉とした花期のアカザ。下段はかって食用とされたシロザとアカザの若芽。粉の色で違いがわかるが、アカザの生息地は点在

勝手にグランドカバー
〜チヂミザサ〜

　不思議に思っていたことがある。道端や雑木林には、あれほどササ藪があるというのに、庭先に生えたことは一度だってない。ほかの雑草はやってくるのに、はて——。

　庭先にやってきたそれが疑問を解いてくれた。日陰に置いた鉢植えに、頼んでもいないのに居座っていたのが**チヂミザサ**。背丈は10センチにもならない小型種で、特徴である波うつような葉っぱも小さい。なかなか愛嬌のあるやつで、放っておいたら鉢植えをすっかりおおってしまった。涼しげであるのでそのままにしたら、9月になって花を咲かせた。ササの花を見た人は、案外少ないのではなかろうか。あまり見ばえはしないが、小さな穂を、決まって片側だけに伸ばし、そよ風にサラサラと揺れる。なかなか風情があっていい。小さなササ葉は、ときに若草色の美しい斑が入ることがあるのだが、たんに**植物性ウイルス**に感染しているだけで、じきに消えてしまうことが多い。

　チヂミザサがわが家にやってきたのは、近所からタネで飛んできたことに疑いはない。ならば、ほかのササたちはなぜこない？

　よくおなじみの、大きく育つササたちは、驚くべきことに、60年、あるいは120年に一度しか花を咲かせない。砂漠地方やマダガスカルの不思議植物と同じくらいめずらしいのである。謎はすっかり解けた。そして私は120年に一度の奇蹟を見る。実は、あなたも見ることができる。個体数があまりにも多いため、毎年、どこかで花が咲いているのであって——つまり、わが家にきていないのは、ただの偶然であった。

　チヂミザサだけは、毎年咲いて、私の庭の占領に余念がない。ほおっておいているのは、競り合う気力がもはやないから。

イネ科
POACEAE
チヂミザサ

Oplismenus undulatifolius

環境　庭先、草地、林床など
花期　8〜10月
背丈　10〜30cm

Point
小穂はシャープな造形でなかなか美しい

太く短いずんぐりむっくりな葉。さざ波のように縮れている

——野山を歩く人ほど……——
わが家に棲みついたのは私のせいかもしれない。小穂は、成熟すると粘液をだして動物にくっつき分散するのである

暮らしぶり
庭先や鉢植えに断りもなくやってくる。いくらでも殖えるためグランドカバー向きであるが好んで育てる人に出逢った試しがない

変異種
葉にクリーム色の斑が入った個体。珍重するほどめずらしくはないが見つけるとうれしい。群落に紛れていると、ひときわ美しく映える

進化する防災対策
～ウシノヒタイ～

　命名者のセンスは抜群であろう。名前を聞いて、いっぺんで覚えてしまう。「秋になって、溝蕎麦(みぞそば)がキレイになったね」と言われ、こっ恥ずかしいことに「それってどんな植物ですか？」と聞いたことがある。

　ウシノヒタイは、小川や用水路のふち、あるいは田んぼなど、湿った場所に好んで生え、決まって大所帯で暮らす。

　桃色のコンペイトウのような花といい、茎に小さなトゲがあるところといい、ママコノシリヌグイを思わせるが、葉っぱを見ればすぐにわかる。正面からみればまさに牛の顔（「ひたい」だけに限定しているわけではない）。

　9月、10月ともなれば、小川の流れに沿うように、コンペイトウを振りまいたお花畑が並ぶ。このころともなれば、朝夕の寒暖の差が大きくなり、ウシノヒタイの花色も、日を追うごとに鮮やかさを増してくる。「いよいよ冬か」と思わず空をあおぐ。そして彼らが仕事納めにはいったらば、それを合図にカラスウリ、サルトリイバラなどの飾り物が収穫期を迎える。あらかじめ覚えていた場所を、そろそろ散策してみる時期である。

　さて、「水辺に棲む」と書けば簡単であるが、棲む者にとっては難儀な環境である。水の増減に、土砂の崩壊――これに適応するべく、ウシノヒタイも一計を案じている。茎の下から特別な枝を伸ばし、土の中へと潜ってゆく。なんと土のなかで閉鎖花をつくり、特別に大きなタネをこさえることで、多少の気候変動にも耐えるように進化しているのである。

　ごく平凡な雑草たちの、独創的な工夫には驚くばかり。

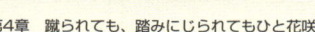

第4章 蹴られても、踏みにじられてもひと花咲かすよ

タデ科
POLYGONACEAE

ミゾソバ
（ウシノヒタイ）

Polygonum thunbergii

環境　水辺のほとりなど
花期　7～10月
背丈　30～100cm

Point
金平糖みたいな花穂からピンクの星の形した花が咲く

葉の基部が張りだした個性的な形

――食用になるとされるが……――
かつて晩春の若葉と若芽は天ぷらや辛子和えで楽しまれたという。近年は洗剤や農薬による水辺の汚染が恐ろしくて手がでない

暮らしぶり
用水路から田んぼのあぜ道などに群生する。やたらと殖えるため水田に侵入したりマムシの隠れ家になるのでやっかいものとなることも

並べてみたら
あらためて本物と並べてみたい。アンニュイなニュアンスまでみごとにそっくりで笑いがこみあげてくる

怪物のデソ、しめて2万個なり
〜アレチウリ〜

　彼らのスタミナと合理性は、人間のド肝を抜いている。

　アレチウリは、荒地や河川敷に君臨する支配者で、灼熱のガレ場でもヘビがごとく這い回る。その長さ、実に10メートル。

　ある日、親しいガーデナーと散歩をしていたとき、彼女が「こんなところにカボチャがいる」と立ち止まった。その葉っぱは大人の顔ほどもあり、わずか一瞬でもガーデナーを欺くほどよく似ている。性格はおおらかで、ゆきあたりばったり。とにかく選り好みをせず侵入しては、無邪気に走り回り、邪魔者がいても、巻きひげでよいしょと絡みつき、よじ登る。ひと株がこさえるタネの数は5,000〜20,000にもおよび、発芽率も70％を超える（長野県の資料）。その生産効率と品質管理技術は驚異であり、法律で特定外来生物に指定され、輸入・運搬・栽培は禁止されている。

　ダマされた人も、8月下旬から10月になれば「どうにもおかしい」と気がつく。カボチャやウリなら、黄色い花びらをラッパみたいに大きく広げるが、目の前のそれは、星型のデベソをツンツンと咲かすだけ。近づいてみると、ライム色のラインがあり、花芯はレモン色とかなり洒落ている。ツルをたどってゆけば、デベソが球形になって咲いている一群が見つかる。これが雌花たちで、受粉をすると、毛の生えたコンペイトウのような実をつけ、八方にばらまこうという魂胆。ひとつの果実にはタネが1個きりしか入っていない。20,000個のタネを実らすには、どれほどの雌花と雄花が必要となるかを考えれば、怪物の実力を痛感できよう。

　ダマされた人を笑えない。なにしろ1952年まで日本にいなかった新顔なのだ。それより若い人たちは、そもそも「カボチャの葉っぱってどういうもの？」というぐあいであろうから。

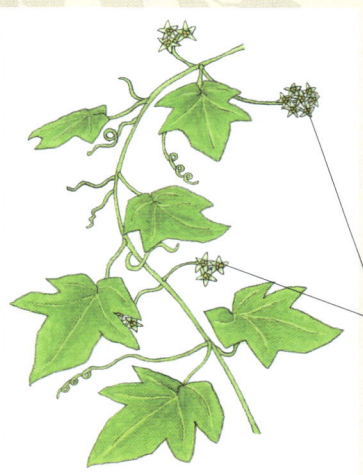

ウリ科
CUCURBITACEAE

アレチウリ

Sicyos angulatus

環境　荒地、河原など
花期　8〜9月
背丈　ツル性

Point
雌花は団子状になって咲く

中心に黄色い花粉をたくわえているのが雄花

―――日本列島ほふく前進の旅―――
1952年静岡県で発見されてから30年で関東圏が一大繁殖地になった。現在は北海道まで到達。人間の経済活動も要因とされる

暮らしぶり
縦横無尽に這い回り、日傘のように開いた葉で太陽を独り占めに。灼熱の瓦礫の上でも平気で歩き回る強欲さには脱帽である

花と果実
クリームにライムをあしらった花は、意外なほど上品。四方八方を向いて受粉を求める雌花もおもしろい。最後は毛の生えた金平糖をこさえ、えいやっと子どもをばらまく

嗚呼、あこがれの藤色はいずこにありて
〜ツユクサ〜

　この雑草、とにかく変わっている。あるとき、なんとも異様な男たちがテレビに映っていた。東京は原宿、その道端や空き地でもって料理の素材を探している。そのほとんどが「あったあった！」と喜んでいたのが本種である。ホタルグサ、チンチロリングサとも呼ばれるツユクサは、料理研究家がうなるほどおいしいらしい。われわれガーデナーは食べる気にもならない。そんなヒマがあったなら、ひとつでも多く引っこ抜く。

　悔しいことに、その姿は流麗である。艶やかで、品位があり、紺碧の空をそのまま映した花は美しい。その花こそ、とんでもない曲者である。第1に、花粉をこさえる雄しべが三形態もあるのだ。形状からX、Y、O型と、いやに手が込んでいる。ちょっと前までは、先端にあるO型だけが生殖機能をもつとされ、残りの雄しべは送粉者（昆虫）に食べさせるダミーといわれた。しかしXYともちゃんと花粉をつくるし、Yの花粉には生殖機能があることがわかった。第2に、朝に開いた花は夕方にしぼむが、このとき、雄しべが内側にカールして雌しべとゴッツンする。自家受粉である。殖えるわけである。第3は、閉鎖花をつくること。蕾のまま自分で受粉することをいうが、これをツユクサがやっていることはあまり知られていない。秋に多く見られるので、誰かに語るときのコツは、ちょっと偉そうにやる。感心される。

　第4に、まれに藤色の花を咲かすものがある。写真で見たのであるが、ハッとするほど美麗であった。色が変わるだけで、日ごろの憎らしさがウソのようにかき消える。意地汚い私は、さっそく探して歩く。すべて徒労に終わる。意地になる。

第4章 蹴られても、踏みにじられてもひと花咲かすよ

ツユクサ科
COMMELINACEAE

ツユクサ

Commelina communis

環境　庭先、道端、草地など
花期　6〜9月
背丈　30〜50cm

Point
まるで突き抜けるような紺碧の空色

全草に艶があり葉は互生する。下部の茎は、地面を這うように伸びる

──子づくり職人──
結実も他家受粉だけでなく自家受粉も行うほか、地を這う茎からも根を下ろして分身をこさえる。たまったものではない

暮らしぶり

いつの間にかやってきて群落をこさえる。上述のとおり繁殖のオプションを多数もつため、出入り禁止は不可能に近い

花と果実

紺碧の花弁もさることながら、雄しべ自体もひとつの花として楽しめる。やがて結実すると、2個の果実を大切そうにくるんでおく。その姿はうかつにも愛しさを憶えてしまう

さすらいのベドウィン
〜ベニバナボロギク〜

　ベニバナボロギクは雑草界の遊牧民である。

　フットワークはとても軽やかで、いつだって新しい開拓地を求めてさまよっている。

　山火事のあとや開発の伐採がされると、真っ先に現れて、誰よりも早く消える。まるで砂漠の民ベドウィン。その起源は、人口が過密になり、暮らしにくくなったとき、新進気鋭の農民たちが開拓の旅にでたというもの。なるほど、本種もいち早く開拓して、雑草たちが過密になる前に、新天地を求めて旅にでる。出身地も同じアフリカである。

　この手の雑草は似たものが多く、見分けるのがめんどうであるが、花期が8〜10月と遅く、花がレンガ色をしているのは本種だけ。郊外の道端や公園の緑地などで出逢えるが、神出鬼没の遊牧民であるため、まったくお目にかかれないこともある。一年草ということもあり、去年の場所ではなく、新しいところに移動しているためであろう。

　花もユニークである。晩夏になると、多くの蕾をくったりとうなだれさせるが、半開きで、寝ぼけて見えるそれが満開だったりする。下向きの花を見れば、オシベやメシベがちゃんと顔をだして仕事を待っている。その証拠に1週間もすれば、どの花もしほみ、ふわふわの綿毛を広げてみせる。長いことうなだれていた花穂は、初めてピンと立つ。この時期でもやわらかい葉茎は食用になるようで、南洋春菊（なんようしゅんぎく）という別名がある。

　ともかく、年によってちょこまかと移動する。

　いつもの散歩がてら、今度はどこで出逢えるのか、追いかけてみるのも楽しい。

第4章 蹴られても、踏みにじられてもひと花咲かすよ

キク科
COMPOSITAE

ベニバナボロギク

Crassocephalum crepidioides

環境　道端、荒地など
花期　8〜10月
背丈　30〜170cm

Point
花の先端がレンガ色に染まる

上を向いた花は受粉が完了。やがてふわふわの綿毛を蓄える

――ダンドボロギク――
寒冷な北アメリカ産のそっくりさん。上部の葉が茎を抱くほか花色は黄。しかもちゃんと上を向いて咲くので区別できる

暮らしぶり
林縁の道端などで群落を見かける。ちょんぽりとした花は意外に遠くからでもよく目立つ

花と果実
タバコの火口のような花はアップで見ると趣がある。秋には陽の光に輝くたくさんの綿毛を広げて、新天地を目指す。近所で見かけるが、なぜか庭先にやってきたことがない

あなたの根性を試したい
〜チカラシバ〜

　秋の陽はつるべ落とし。庭仕事でまごまごしていたら、転げ落ちるように日が暮れる。すべての生き物たちは、これを合図に冬支度を始めるわけで、これまでひっそりと暮らしていた顔ぶれが、にょっきりと顔をだす時期でもある。それはまた、根くらべの季節でもあり、道端のど根性に悩まされる日々となる——。

　いつもの道端、いつの間にやら、いやにでっかい猫じゃらしがずらりと並ぶ。その剛毛ぶりは、台所の排水溝の掃除にうってつけであろうし、その手触りは、下町のおやじの無精ひげみたいにざらざらして、ちょっとクセになる。その穂先を軽く握り、上下に動かす。サイズといい、迫力の感触もぐあいがよく、手もち無沙汰をなぐさめるには重宝する。

　剛毛をさかなでしたとき、麦色のタネがピョンと飛びだす。これがまた楽しくあり、小学生から老年まで、**チカラシバ**のタネを撒きながら歩く。道端に多いわけである。

　チカラシバは、そのまんま「力芝」と書くが、いざ抜こうとしたとき、根性がずば抜けていることがわかる。まず葉茎をまとめ、根ぎわをもつ。全身に魂魄をみなぎらせ、ぬおうと叫ぶ。軽快な音とともに手元に残るのは、赤むけた素肌、そして細長い葉っぱの束。このまま放っておくと、ちゃんと蘇生するのだ。「いまいましいやつめ！」とスコップで荒業を繰りだすも、硬い地面にガチンと弾き返されイヤになる。そうしたところに好んで生えるし、そこらじゅうにいくらでも茂っている。

　完全に駆逐したいのなら、チカラシバを相手にしてはいけない。
　まず私、そして小学生から熟年までを通行止めにしたほうが早い。

イネ科
POACEAE

チカラシバ

Pennisetum alopecuroides

環境 道端、草地、荒地など
花期 8〜11月
背丈 30〜80cm

Point
赤茶色のブラシを豪快に茂らせる

細長い葉をこんもりとさせて大きな株をつくる

——どうでもいいウンチクうんぬん——
本当にどうでもいい話であるが、ネコジャラシの毛は最後まで残る。本種の剛毛は種子の落下とともに落ちる点で違う

暮らしぶり
道端の平凡な雑草で行列をつくって茂ることも。なかには花穂が淡いライム色した美しいアオチカラシバがあるという。まだ出逢えたことがなく、楽しみにしている

豪快なブラシ
夕日に輝く姿は小学校の帰り道を思い出す。開花時はゴシゴシと楽しめるが、成熟期は手ごたえなくポロポロと落ちてしまう。懐かしい手触りを楽しんでみるのもよし

ヨブが流した涙
〜ジュズダマ〜

　その昔、悪魔が神さまに向かってこういった。
「信心なんて、恵まれているからするわけで、わたしにかかればわけなくひと捻りですな」
「ならば試してみるがいい」と神は答え、裕福で、信心ぶかいひとりの男を選んだ。悪魔は狡猾な手口でもって、財産と家族、そして健康すら奪ってゆく。希望を失い、皮膚は赤黒くただれ、歩くことさえできない。弱音を吐きながらも、どうしても信じる心を捨てることができない。男の名をヨブという。

　ジュズダマは、肥沃な田畑や水辺を好む雑草で、しばしば小さな茂みをつくっている。どこかで見覚えがあるような姿をしているが、そのとおりで、健康食品でおなじみのハトムギのご先祖さま。

　英名を「ヨブの涙」といい、確かに頬をつたう涙に見えなくもない。ただ、ヨブが流したものだけあって、尋常ではない。

　まず、きわめて硬い。指先で潰そうとしても、骨に食い込み悲鳴を上げる。灰白色になった実は食用になる。糖分、脂肪、たんぱく質が豊富で、鎮痛、解毒、消炎作用のある薬膳となる。そのためには、まず3日ほど日干し、脱穀して、さらに数日ほど乾燥させ、ひと晩水に浸し、ハトムギの7倍の水で4時間も煮る。それから殻を取って──ヨブのように、あらゆる困難を乗り越えねばならない。そのまま愛でるなら手間いらず。花の時期、子房の先っぽから小さな花穂が垂れ、黄金色のオシベが風に踊る。その愛らしさにこそ、ヨブの本音が透けてみえる。ジュズダマと無垢な信心は、暗く荒廃したソドムやゴモラでは育たない。暖かい日光、家族の愛、そして健康な糧が欠かせない。つまり悪魔の弁にも一理ある。反面豊かさも、身の丈に合わねば心を病ませる。

第4章　蹴られても、踏みにじられてもひと花咲かすよ

イネ科
POACEAE

ジュズダマ

Coix lacryma-jobi

環境　道端、草地、荒地など
花期　9〜11月
背丈　100〜200cm

Point
果実は艶のある黒褐色。成熟するにつれて灰白色に変化

──ハトムギ──
一説によるとジュズダマから選抜された栽培種だとされる。果実はやわらかく、薬用として栽培されることが多い

暮らしぶり

草むらのなかで異彩を放ち、ずば抜けて大きく育つ。冬にはすっかり枯れてしまうが、春になると株元から新芽をだす

花と果実

葉鞘の合間から鈴なりにさせる。驚異的な硬さは試してみる価値があろう。本当の果実はこの中に隠れている

いまだ見はてぬ道端の美学
〜キツネノマゴ〜

　ラテン語の格言に「善人は善を愛する (Boni amant bonum.)」というものがある。解釈すれば「本当の美しさは、美しい心をもたないと知ることはできない」。

　書物によっては「狐の孫」と記すものがあるが、それも定かではないようで、由来がサッパリわからなくなった植物のひとつ。全草を乾燥させたものは、腰痛を鎮めたり、解熱、咳止めなど、カゼの諸症状を緩和する便利な薬草として使われたこともあるようだが、効果のほどは不明である。

　キツネノマゴ科は4000種を超える大種族で、園芸店や庭園にゆけば、似ても似つかぬ、華やかな親戚たちが並ぶ。**パキスタキス・ルテア**や、車エビが飛び跳ねるような花を咲かせるベロペロネなどがおなじみで、育てやすく、庭先に植えるとなかなかおもしろい（※冬は室内で管理）。

　野辺にいる**キツネノマゴ**は、あらゆるところで見かけるものの、つい最近まで、私はまったくもって気がつかなかった。小さな花穂にあっかんべえをするような花をちょんちょんと咲かす。上の花弁に寄り添うように、オレンジ色の雄しべが2本、突きだしている。なんとなくエビの目と顔に見えてくるため、なるほどベロペロネの親戚であるなと勝手に納得。

　これほど目立つ花を、いままでどうして見逃していたのか——不思議でならない。キツネノマゴの花言葉を知って、妙に納得した。繊細美の極致、女性の美。やはり私の見る目がなかったのだ。

　今日もまた、野辺で心を清めてこよう。

　知らなかった顔ぶれが、ちょこなんと座っているかもしれない。

第4章 蹴られても、踏みにじられてもひと花咲かすよ

キツネノマゴ科
ACANTHACEAE

キツネノマゴ

Justicia procumbens
var. *leucantha*

環境　道端、草地など
花期　8〜11月
背丈　10〜40cm

Point
ブラシ状に突きでた花穂にピンクの小花を1〜2個あしらっている

小さな葉を対生させる

——まだ見ぬひ孫——
いつか見てみたいものにキツネノヒマゴがある。ネットで調べればわけないが実際に逢うまでの楽しみにしている

暮らしぶり
大型雑草が少ない道端や草地でコロニーをつくる（しかし目立たない）。ハナバチを顧客にもち、よく結実する。タネの尻の下にはバネがあって成熟すると弾き飛ばす

小エビな花
わずか1cmにも満たない小花であるが配色とデザインの妙は絶品。秋に咲く花としては最後まで咲いている種族（12月も見られる）。道端で出逢えたらひとつ愛でてみては？

《 参 考 文 献 》

『日本の野生植物 草本 単子葉類』	佐竹義輔・大井次三郎・北村四郎・亘理俊次・富成忠夫 編（平凡社、1982年）
『日本の野生植物 草本 離弁花類』	佐竹義輔・大井次三郎・北村四郎・亘理俊次・富成忠夫 編（平凡社、1982年）
『日本の野生植物 草本 合弁花類』	佐竹義輔・大井次三郎・北村四郎・亘理俊次・富成忠夫 編（平凡社、1981年）
『日本の帰化植物』	清水建実 編（平凡社、2003年）
『山渓ハンディ図鑑1 野に咲く花』	林弥栄・平野隆久 著（山と渓谷社、2001年）
『山渓ハンディ図鑑2 山に咲く花』	永田芳男・畔上能力 著（山と渓谷社、1996年）
『原色牧野植物大図鑑 離弁花・単子葉植物編』	牧野富太郎 著（北隆館、1997年）
『原色野草検索図鑑 単子葉植物編』	池田健蔵・遠藤 博 編（北隆館、1997年）
『原色野草検索図鑑 離弁花編』	池田健蔵・遠藤 博 編（北隆館、1996年）
『原色野草検索図鑑 合弁花編』	池田健蔵・遠藤 博 編（北隆館、1996年）
『復刻版 牧野日本植物図鑑』	牧野富太郎 著（北隆館、1977年）
『野草大百科』	山田卓三 著（北隆館、1992年）
『日本薬草全書』	水野瑞夫 著（新日本法規出版、1997年）
『植物民俗』	長澤武 著（法政大学出版、2001年）
『野菜 在来品種の系譜』	青葉高 著（法政大学出版、1981年）
『資料日本植物文化誌』	有岡利幸 著（八坂書房、2005年）

《 参 考 サ イ ト 》

四季の山野草
http://www.ootk.net/shiki/

日本のレッドデータ検索システム
http://www.jpnrdb.com/

日本植物生理学会
http://www.jspp.org/17hiroba/index.html

《 取 材 協 力 》

坂戸サワギキョウの会、大久保重徳氏、松本洋子氏

索 引

英数字

VA菌	76、146

あ

アカカタバミ	70
アカザ	216
アキタブキ	51
アキノエノコログサ	202
アケビ	170
アズマネザサ	104
アメリカイヌホウズキ	32
アメリカネナシカズラ	106
アメリカフウロ	99
アヤメ	140
アレチウリ	222
医者殺し	56
一年性	194
イチヤクソウ	150
イチリンソウ	48
イヌナズナ	26
イヌノフグリ	24
イヌホオズキ	32
イノコズチ	88
イモカタバミ	72
イラクサ	192
ウシクグ	162
ウシノヒタイ	220
ウシハコベ	69
ウド	84
ウドンコ病	146
ウマノアシガタ	160
ウルシ	66
エゾノヘビイチゴ	62
エゾミソハギ	157
越年性	194
エノコログサ	202
エビネ	138
エライオソーム	130
オオアレチノギク	194
オオイヌノフグリ	22
オオキンケイギク	38
オオスズメノテッポウ	190
オオニシキソウ	207
オオバギボウシ	80
オオバコ	204
オオハンゴンソウ	45
オオブタクサ	42、104
オオマムシグサ	124
オギ	172
オキザリス	70
オタカラコウ	50
オヒシバ	201
オランダガラシ	52
オランダミミナグサ	144

か

外片	12
花外蜜腺	180
ガガイモ	108
カキツバタ	140
カキドオシ	64
萼片	68、114
カゼクサ	168
カタバミ	70
カメレオン	59
カラスウリ	210、220
カラスノエンドウ	180
カラスビシャク	124、182
カントウタンポポ	10

帰化植物	24、112、140	サルトリイバラ	174、220
キクイモ	100	サンリンソウ	48
ギケイ	182	自家受粉	22、224
擬似一年草	120	ジゴクノカマノフタ	56
キジムシロ	60	ジシバリ	188
キツネノマゴ	232	自生種	138
キツリフネ	154	雌雄	50
キバナアキギリ	164	従属栄養生物	148
キバナコスモス	39	ジュウニヒトエ	57
ギボウシ	80	就眠運動	70、198
強害草	78、188	ジュズダマ	230
ギョウジャニンニク	80	シュンラン	118
共生	150	植物性ウイルス	218
共生菌	178	白独活	84
キンエノコロ	202	シコザ	216
菌根圏	142	シロバナタンポポ	10
キンポウゲ	160	シロバナヘビイチゴ	62
ギンリョウソウ	148	スウィートバイオレット	134
クサノオウ	60	スギナ	184
クサフジ	76	ススキ	108、166、172
クズ	104、158、212	スズメウリ	210
クマガイソウ	126	スズメノテッポウ	190
クレマチス	104	スプリング・エフェメラル	114
ゲラニウム	98	スベリヒユ	78
ゲンゲ	178	セイタカアワダチソウ	108
ゲンノショウコ	98	セイヨウタンポポ	10
交雑	214	セイヨウノコギリソウ	54
コニシキソウ	206	節分草	114
コヒルガオ	82	センニンソウ	104
コミカンソウ	198	センブリ	94
ゴヨウアケビ	170	総苞	12
コンニャク	124		
根粒菌	158		

た

タカサゴユリ	214
タケニグサ	212
タチイヌノフグリ	24
タチツボスミレ	128、134
タネツケバナ	186

さ

在来種	214
サクラスミレ	132
サトウキビ	166

チカラシバ	228	ハマユウ	96
チゴユリ	120	ハンゴンソウ	44
秩父紅	116	ヒカゲイノコズチ	88
チヂミザサ	218	ヒガンバナ	96
ツクシ	184	ヒナスミレ	133
ツボスミレ	136	ヒナタイノコズチ	88
ツユクサ	224	ヒメクグ	162
テッポウユリ	214	ヒメムカシヨモギ	194
トキワススキ	172	ヒルガオ	82
ドクダミ	58、212	ヒルザキツキミソウ	196
特定外来生物	224	ビロードモウズイカ	90
独立栄養生物	148	ビンボウグサ	26
トリカブト	48、102	フキ	50
		フキノトウ	50
な		フウロソウ	98
ナズナ	26	フクジュソウ	116
ナツトウダイ	66	ブタクサ	40
ナルコユリ	74	不稔性	96
ナンテン	116	閉鎖花	130、146、220、224
南蛮煙管	166	ヘクソカズラ	28、58
南洋春菊	226	ベニバナイチヤクソウ	150
ニオイタチツボスミレ	134	ベニバナボロギク	226
ニホンスミレ	130	ヘビイチゴ	60、62
ニョイスミレ	136	変種	214
ニリンソウ	48	ホウセンカ	154
ネジバナ	142	ポーチュラカ	78
ノジスミレ	131	ホタルブクロ	153
ノブドウ	208	ホトケノザ	146
は		**ま**	
バーバスカム	90	マツヨイグサ	196
バイケイソウ	80	ママコノシリヌグイ	34、220
パキスタキス・ルテア	232	マムシグサ	124
ハキダメギク	36	マメドオシ	106
ハコベ	68	マレイン	90
ハトムギ	230	ミソハギ	156
ハナカズラ	102	ミツバアケビ	170
ハマスゲ	92	耳菜草	144

237

ムカゴ	182
無茎種	134
ムラサキエノコロ	202
ムラサキカタバミ	72
ムラサキコマノツメ	137
紫花菜	112
ムレイン	90
メヒシバ	200
モモイロタンポポ	15

や

薬剤耐性	194
ヤブカラシ	86
ヤブヘビイチゴ	62
ヤブマオ	193
ヤブレガサ	122
山独活	84
ヤマトリカブト	102
有茎種	134
ユーフォルビア	66
ユキノシタ	128
葉緑体	148

ら

ラン菌	138、142
ランナー(走枝)	188
鱗茎	72
レンゲ	178

わ

ワルナスビ	30

サイエンス・アイ新書 発刊のことば

science・i

「科学の世紀」の羅針盤

　20世紀に生まれた広域ネットワークとコンピュータサイエンスによって、科学技術は目を見張るほど発展し、高度情報化社会が訪れました。いまや科学は私たちの暮らしに身近なものとなり、それなくしては成り立たないほど強い影響力を持っているといえるでしょう。

　『サイエンス・アイ新書』は、この「科学の世紀」と呼ぶにふさわしい21世紀の羅針盤を目指して創刊しました。情報通信と科学分野における革新的な発明や発見を誰にでも理解できるように、基本の原理や仕組みのところから図解を交えてわかりやすく解説します。科学技術に関心のある高校生や大学生、社会人にとって、サイエンス・アイ新書は科学的な視点で物事をとらえる機会になるだけでなく、論理的な思考法を学ぶ機会にもなることでしょう。もちろん、宇宙の歴史から生物の遺伝子の働きまで、複雑な自然科学の謎も単純な法則で明快に理解できるようになります。

　一般教養を高めることはもちろん、科学の世界へ飛び立つためのガイドとしてサイエンス・アイ新書シリーズを役立てていただければ、それに勝る喜びはありません。21世紀を賢く生きるための科学の力をサイエンス・アイ新書で培っていただけると信じています。

2006年10月

※サイエンス・アイ（Science i）は、21世紀の科学を支える情報（Information）、
　知識（Intelligence）、革新（Innovation）を表現する「 i 」からネーミングされています。

≡ SB Creative

science·i

サイエンス・アイ新書
SIS-114

http://sciencei.sbcr.jp/

身近な雑草のふしぎ
野原の薬草・毒草から道草まで、魅力あふれる不思議な世界にようこそ

2009年5月24日 初版第1刷発行
2017年4月11日 初版第14刷発行

著　者　森 昭彦
発行者　小川 淳
発行所　SBクリエイティブ株式会社
　　　　〒106-0032　東京都港区六本木2-4-5
　　　　電話：03-5549-1201（営業部）
装丁・組版　クニメディア株式会社
印刷・製本　図書印刷株式会社

乱丁・落丁本が万が一ございましたら、小社営業部まで着払いにてご送付ください。送料小社負担にてお取り替えいたします。本書の内容の一部あるいは全部を無断で複写（コピー）することは、かたくお断りいたします。本書の内容に関するご質問等は、小社科学書籍編集部まで書面にてご連絡いただきますようお願いいたします。

©森 昭彦　2009　Printed in Japan　ISBN 978-4-7973-4986-3

SB Creative